日本社会の破壊を企《たくら》む！

中国人スパイ「秘密工作」最前線

勝丸円覚
Katsumaru Enkaku

ビジネス社

はじめに

スパイという存在は映画のなかの話などではなく、日本では〝身近にいる〟のが当たり前であることを伝えたく本書は書かれた。いかんせん、中国のスパイやその協力者だけで、3万人いるとの計算もある。

中国スパイの存在が際立つのは、首相や国会議員の秘書にまんまとなりおおせていた事実である。自民党にいわゆる「親中派議員」が多いことは衆目の一致するところだ。中国での反日運動や尖閣諸島などの領海侵犯には目をつぶる一方、〝経済優先〟を掛け声に中国進出を誘導した親中メディアの責任も大きい。政界も財界もメディアも押しなべて中国スパイに席巻されているのである。

加えて、世界を震撼《しんかん》させた情報機関のKGB（ソ連国家保安委員会）を引き継ぐ「スパイ大国」ロシア、かつては日本転覆をもくろんだ北朝鮮、白昼堂々と日本の主権を踏みにじる「金大中事件」を起こした韓国が近隣諸国にある。同盟国とはいえ、国益のためなら暗殺や破壊工作も厭《いと》わない米ＣＩＡ（中央情報局）は、確実に日本の中枢に手を伸ばしている。「世界一の親日国」台湾もスパイを送り込み、覇権をめぐるアメリカ、中国、ロシアによるスパイたちの暗闘に加わっているのだ。このように各国のスパイが暗躍しているというのに、日本には外国のスパイ活動を阻止する「スパイ活動防止法」さえ未整備のままだ。

日本が「スパイ天国」と、外国スパイになめられるゆえんである。

中国がスパイを送り込むのは、日本工作はもちろんのこと、台湾工作や対米戦争を見越したうえでの国家戦略でもあるのだ。中国による日本国土の〝爆買い〟が問題にされて久しいが、メガソーラーや洋上風力など再生エネルギー事業に中国企業が食い込んでいるのも、対米戦を想定し、自衛隊や米軍基地周辺の土地を獲得する裏の目的があるからだ。台湾侵攻の前哨戦《ぜんしょうせん》はすでにスパイ天国である日本で行われているのである。

身近にいるだけでなく、気づけばあなたは、スパイの「協力者」にさせられ、会社を裏切り、後戻りができない状況に陥っているかもしれない。

先端技術の宝庫である日本の中小企業や優秀な技術者、研究者、学者はどうか気をつけてほしい。しかも会社での評価や待遇に不満を持っていれば、かっこうのターゲットとなるだろう。3倍の給料、有力なポジションなど心のスキマを埋めるのがスパイの常套《じょうとう》手段なのだ。

勧誘の入り口はSNSだったり、3000円程度といったささいな謝礼を受け取ったことから始まるのである。「社内報」くらいいいだろうという甘い判断がアウト。ロシアや中国のスパイの常套手段は、最初は非常に低くしていたハードルを徐々に上げていき、「ヤバい」と思ったときに、協力者になるよう迫るのだ。素直に応じればいいが、拒否すれば、たちまち本性を現し、恐ろしい脅迫者の顔を見せるだろう。そうなってからではもう遅い。

あるいはあなたが、中国の民主化運動や、ウイグルやチベットの独立運動に加わっていたとする。そうした反中団体のなかにも中国スパイや協力者は紛れ込み、「危険分子」としてリスト化するために個人情報を引き出そうとしているのだ。

無暗に住所などが載った名刺を渡してはいけない。自宅を知られたがために、度重なる嫌がらせを受けたり、脅迫電話がきたり、最悪は中国に行った際に拘束される恐れがある。スパイ罪とレッテルを貼られたら最後。現在中国で拘束されている日本人は17人いるといわれているが、もっと多い可能性もある。


雇った中国人が産業スパイである可能性も否定できない。何も差別でいうのではない。中国では「国家情報法」というスパイ活動への協力を全国民に義務付けた法律が2017年から施行されているからだ。

つまり、世界中の中国籍の人間が、しかも平時のうちから、自主的にスパイになるよう中国共産党から強制されているのである。ごく普通の留学生やビジネスマンがだ。たとえ日本にいてもそれを破れば厳罰がくだされ、中国に住む家族にまで累は及ぶ。反対に協力すれば報酬や出世が与えられる。誰が拒否できるだろうか。

日本に滞在する中国人たちは顔写真付きでリスト化され、管理されている。スパイ目的で就職することもあれば、入社後に機密情報を流すよう要請されることもある。非常に優秀な人たちが多い。企業がスパイを防止するのは極めて困難な状況である。

一方、スパイ被害にあった企業側も、その責任を問われたり、株価が暴落するのを恐れ、警察に被害届を出さないことが大半だ。したがって、報じられたスパイ事件など氷山の一角にすぎない。


ではどうすればいいのか。

実は、経済安全保障を確立すべく内閣府特命担当大臣（経済安全保障担当）を創設したことで、スパイを取り締まる外事警察の流れが大きく変わったのだ。

２０２０年10月、警察庁警備局外事情報部は中国やロシアを念頭に経済安全保障の専従班を設置。民間企業に対し、中国やロシアのスパイの手口を伝えるアウトリーチ（啓蒙）

活動も始まった。47都道府県警の外事警察が企業に出張っているのだ。こんなことは以前なら考えることさえできなかった。

私が生々しいスパイの実態と対策をこうして本に書けるようになったのも、その流れがあってのことなのだ。

スパイ活動防止法がない以上、スパイから自分や会社を守るには、自分自身で戦うしかない。本書がその一助になることを、スパイと戦い続けた人間として切に願う。

勝丸円覚

2024年10月

中国人スパイ「秘密工作」最前線

目次

第1章 日本に手を伸ばす中国。ロシアのスパイとの比較

第2章 スパイから逃れられない中国人の宿命

第3章 中国に行ってはいけない

第4章 中国スパイ、マフィア、ヤクザの危うい関係

第5章 「再エネ」推進という中国の罠にかかる政治家

第7章 スパイで見た中・韓・北、反日三国

第8章 台湾有事の前哨戦は日本が主戦場

第9章 「スパイ防止法」で中国から日本を守る

第1章

日本に手を伸ばす中国。ロシアのスパイとの比較

日本に「情報機関がない」といわれる理由

世界の情報機関（諜報機関）は、2つの役割を持っている。主に軍隊が外国勢力の侵略を排除し、警察が国内治安を維持するのと同じで、対国外と対国内にわかれる。情報機関はインテリジェンス機関とも呼ばれるように、両者ともインテリジェンス、つまり単なる生の情報＝インフォメーションではなく、情報活動によって得られる知見＝インテリジェンスを扱うことに変わりはない。

国内の担当者は、「防諜」、すなわち国内に入ってくるスパイの情報を収集し、取り締まりをする。日本では、警察庁警備局、警視庁公安部（東京都）および道府県警察の警備部、といった公安関係の組織と、法務省の外局である公安調査庁が担うが、多くの国でも捜査権や逮捕権を持つ法執行機関である警察やその他の機関が主導的に行っている。

ちなみに公安調査庁は、捜査権や逮捕権はないが、その調査能力は非常に高く評価されている。そのため、アメリカの情報機関であるＣＩＡ（中央情報局）が日本での調査の依頼先として公安調査庁を選ぶことも少なくない。

一方、国外の担当者は、国外でさまざまな情報収集を行い、自分の国にとって有害な活動をする組織および個人を調査する。くわえて、協力者（情報提供者）を得て、自国が有利になるような政界工作や世論操作をする。

そしてここからが、日本人にとってはスパイ映画の世界になってくるが、国によっては破壊・暗殺工作も常套手段として行う。彼らは「対外情報機関」と呼ばれる。旧ソ連のＫＧＢ（ソ連国家保安委員会）やイスラエルのモサド（イスラエル諜報特務庁）を思い浮かべれば、その恐ろしさがイメージできるだろう。

１９５４年に設立されたＫＧＢは、ソ連国内では秘密警察の役割を担い、軍の監視も行っていた。国外でも情報活動や暗殺などの工作に関与し、冷戦時代にはＣＩＡと世界中でスパイ合戦を繰り広げていたことは有名だ。

また「世界最強」といわれるモサドは、自国を守るためなら手段を問わない。敵対したときの制裁スピードはすさまじいものがある。モサドの職員が日本で姿を見せることはあまりないが、至るところに協力者を多数持っているといわれている。

暗殺や破壊工作などという職務からもわかるように、戦後日本にはこうした対外情報機関がない。だが、アメリカのCIA、イギリスのMI6、中国の国家安全部（MSS）はいずれも対外情報機関である。ロシアの場合は、対外情報庁（SVR）と軍参謀本部情報総局（GRU）が担うが、連邦保安庁（FSB）も一部対外情報機関の役割を果たし、それぞれのスパイが日本に来ている。お隣の韓国にも国家情報院という対外情報機関がある。北朝鮮はいうまでもないだろう。

要するにほとんどの国が対外情報機関、つまりスパイ組織を持っている。逆に日本のように、対外情報機関のない国のほうが珍しいくらいだ。国の大きさは関係なく、ほぼすべての国が自国と国民の生命・身体・財産を守るために国外に出て情報収集をしているのだから。

したがって、外国から日本に来ている機関も、基本的に対外情報機関である。

なぜスパイは恐ろしいのか

スパイが恐ろしいのは、インテリジェンスの世界では、人命よりも情報の価値のほうが高いといわれることもあるからだ。自分たちのミッションを達成するため、また、目的を妨害するものがあれば、殺害することも厭わない。

たとえば、２００６年、ロシア人のアレクサンドル・リトビネンコが、イギリスで放射性物質のポロニウム２１０で暗殺された事件があった。彼はソ連時代にＫＧＢのスパイとして諜報活動を行い、ソ連崩壊後は国内情報機関であるＦＳＢに勤務していた。

その後は、上司から暗殺工作を命令されたことを記者会見で暴露し、イギリスに亡命した。そして、イギリスではロシアに対する反体制派の活動を行っていたが、ロシアは裏切り者を許さなかった、というわけだ。

そうしたロシアの体質は今も変わっていない。ロシアのような全体主義国家だけではない。民主国家アメリカのＣＩＡも、暗殺は行っている。

有名なのは、ＣＩＡによる国際テロ組織アルカイダの最高指導者だったウサマ・ビンラディンや、アイマン・ザワヒリの殺害オペレーションだろう。

普通はあそこまであからさまに「自国民の敵を暗殺した！」と喧伝《けんでん》しないものだが、そこは超大国アメリカだから許されるのである（もっとも、相手国に恨みを残すことになるが）。暗殺のために、米海軍の特殊部隊であるネイビーシールズを使ったり、最新鋭の無人爆撃機まで飛ばす。日本では考えられないオペレーションが可能なのも、ＣＩＡが強力な権限を持ち、潤沢な予算があってのことだ。

そのようなスパイ同士の暗闘は一般に知られていないだけで、日本国内でも行われている。冷戦期など、都内や関西の一流ホテルのバスタブで溺死《できし》している東欧系のビジネスマンやソ連人が、発見されたことがあった。しかしこれは冷戦期だけの話ではない。私のような外事警察から見ると、「やられたな」とわかる不審死のケースは今も起きているのである。

外交関係に関する「ウィーン条約」を守り、「外交特権」に守られている、つまりあくまで合法的活動に止まる外交官が表とするならば、非合法活動も辞さない諜報員であるスパイは、いわば裏側の人間である。

したがって、ほとんどの国では外務省と情報機関は別組織だ。身分がしっかりしている外交官とは違い、諜報員はたいてい身分を偽っている。なかには外交官の身分を持ったスパイもいるのだ。だから複雑なのである。

世界の非常識が中国の常識

ところが、本書のテーマである中国や、ロシアのような全体主義国家となると、外務省と情報機関の位置関係が定かではない。その点、西側諸国の常識が当てはまらないことを理解する必要がある。

西側諸国において外交政策を決めるのは、外務省であることはいうまでもない。しかし、それが中ロ両国になるとそうではないのである。

ロシアのプーチン大統領が元ＫＧＢスパイであったことからもわかるように、同国における情報機関の地位は高い。現に、大統領側近にもＫＧＢ出身者は多い。

そもそも中国の場合、国家よりも党が上だ。日本でいうと、自民党が日本政府を支配しているようなもので、実質選挙もなければ政権交代もない。

国家も国民もすべては共産党に隷属するという、日本人にはにわかに理解しがたい体制なのである。そのため、中国の外務省（外交部）や外務相（外交部長）は西側諸国に比べて地位が低い。

毛沢東の独裁により疲弊した反省から、鄧小平が共産党序列トップ7人（5人や9人のときもあった）の政治局常務委員の多数決をとる「集団指導体制」を築いており、中国の外交戦略もこれが決める。

しかし現在の中国はその集団的指導体が形骸《けいがい》化し、事実上、習近平党総書記の独裁体制に先祖返りしているとみられる。いずれにせよ、14億人の中国国民をごく少数の人間が支配する非常識な体制なのである。

そのような中国のスパイを理解するためには、やはりスパイ大国であり、全体主義のロシアと比較するのがわかりやすいだろう。

国内、対外、軍と3つにわかれる中国とロシアのスパイ組織

ロシアには、ＫＧＢの後継組織として2つの情報機関がある。ＫＧＢの国内情報活動を

引き継いだ「ＦＳＢ（連邦保安庁）」、同様に国外担当部門から引き継いだ「ＳＶＲ（対外情報庁）」である。そして軍のスパイ組織として情報活動を担当している「ＧＲＵ（軍参謀本部情報総局）」がある。つまり、国内、対外、軍という3つの担当にわかれている。

ＦＳＢ、ＳＶＲ、ＧＲＵは、いずれも日本支局を持っている。ロシアのスパイは大使館のみならず、総領事館にもいる。さらに民間に紛れているスパイを入れれば、総勢は１２０人ほどと分析されている。

ＦＳＢは日本国内でも幅広く情報収集をしている。ロシア国内を担当するＦＳＢがなぜ日本に、と思うかもしれないが、国境を守るというのが組織としての主要な目的なため、海外でも活発に活動しているのである。

特にロシアにとって日本は地政学上重要な場所にあり、日本とは領土問題を抱えているので関心が高い。歴史的にそうで、第二次世界大戦時には、日本では「日本の戦線を東南アジアなど南方に伸ばすべきだ」という「南進論」と、ソ連を叩くべきだという「北進論」に割れたが、有名なロシアスパイであるリヒャルト・ゾルゲは、南進論に向かうよう、朝日新聞の尾崎秀実《ほつみ》と工作した。事実、日本が南進論を採用したため、ソ連は、ドイッとの戦争に戦力を注ぐことができた。ソ連にとって悪夢は、欧州大陸勢力と日本との二正面作戦を強いられる事態で、軍事戦略的にも日本の動向には、今も目を光らせているのだ。

ＦＳＢは海上保安庁や海上自衛隊の人脈や装備を中心に情報を収集する。関係者との人脈づくりやスパイのリクルートのために、海上保安庁のパーティなどのイベントにも姿を見せる。

海外担当のＳＶＲは日本の最先端技術を狙《ねら》い、世論工作や政界工作も行う。軍担当のＧＲＵは、当然軍事情報を中心に情報を収集している。日本各地の総領事館にも何人か配属されていると見られている。

一方、中国も、国内（公安）、対外（共産党）、軍という3つの担当にわかれる。国内の公安組織である公安部（ＭＰＳ）、対外情報機関である国家安全部（ＭＳＳ）、そして人民解放軍の総参謀部にも、ヒューミント（ＨＵＭＩＮＴ）やシギント（ＳＩＧＩＮＴ）を担当する部隊がいくつも存在している。

ちなみに「ヒューミント」というのは人を使った、つまり協力者工作によって情報収集する技術であり、「シギント」とは、一般的に手に入れることができるオープンソースの情報を収集したり、電話や無線の盗聴やハッキングなどから情報を得る技術である。

中国情報機関の概略

ＭＳＳが設立されたのは１９８３年。中共中央調査部、公安部、統一戦線部、国防科学技術工業委員会の関係部署を統合してできた。

ＭＳＳの概要は、野口東秀氏の『中国　真の権力エリート――軍、諜報・治安機関』が詳しい。本書は２０１２年10月に刊行され、10年以上まえのものであるが、今も十分通用する。野口氏によるとＭＳＳは17局にわかれる。

第１局（機要局）暗号通信及び管理
第２局（国際情報局）国際戦略情報収集、分析
第３局（政経情報局）各国政治経済・科学技術情報収集

第4局（台港澳局）香港、マカオ、台湾情報工作
第5局（情報分析通報局）情報分析、情報収集業務指導
第6局（業務指導局）所轄各省庁業務指導
第7局（反間諜情報局）対スパイ情報収集
第8局（反間諜偵察局）対外国スパイ追跡・偵察・逮捕
第9局（対内保防偵察局）内部反動組織や外国組織の監視
第10局（対外保防偵察局）外国駐在組織人員及び留学生監視・告発、域外反動組織活動の偵察
第11局（情報資料センター局）文書・情報資料の収集と管理
第12局（社会調査局）民意調査
第13局（科学的偵察技術局）科学的偵察技術の開発、管理
第14局（技術偵察局）郵便物検査、電気通信監視
第15局（総合情報分析局）総合情報分析・調査研究
第16局（映像情報局）衛星情報ほか各国政治経済軍事映像分析

第17局（企業局）

日本での活動が目立つのは第3局（政経情報局）、日本の大使館の括りでいうと政治を分析する「政務班」にあたり、世論工作を行っている。要するに親中派の政治家やジャーナリストをつくり、日本国民が中国に好意を持つように誘導させ、反対に中国にとって都合の悪い情報は報道や論評はさせないようにする（第6章参照）。

それから第8局（反間諜偵察局）と第9局（対内保防偵察局）だ。前者は外国人スパイをターゲットとし、当然日本人スパイや韓国人スパイなどが監視対象となり、中国国外の活動も追っている。

対して後者の第9局は、中国国内の防諜を担い、内部反動組織や外国組織、いわば「反中」組織を監視するのが目的だ。

また、もっぱら台湾人の監視をしているのが、第4局（台港澳局）、第5局（情報分析通報局）、第11局（情報資料センター局）、第15局（総合情報分析局）だ。その活動は台湾ではもちろんのこと、日本国内にも及ぶ（第8章参照）。

ＭＳＳ以外にも共産党に直属する情報機関がある。共産党と党外組織との連携や民族・宗教に関わる活動、中国人科学者の帰国などを担う「中央統一戦線工作部」や、台湾政策を指導する「中央対台湾工作指導小組」などがある。共産党系の情報機関の日本での活動は、主にハイテク産業や政界工作を狙う。

次に、「公安系」の情報機関だ。公安部がターゲットにするのは、反体制派や民族独立運動だ。たとえば、「公安部国内安全保衛局」は中国の治安警察で民主活動家や法輪功の監視・拘束を担う。

軍系はいうまでもなく、防衛省・自衛隊および三菱重工や東芝などの防衛産業にスパイ工作を仕掛けているのだ。主な日本での活動は総参謀部第2局が担っている。

また、軍の対外工作部門としては「国際友好連絡会（友連会）」が知られている。西側諸国の保守系人士の取り込みを任務とする。

ところで、地元メディアから得る情報や、政界や財界、官庁にいる協力者からの情報、企業からの情報は、スパイにより自国に伝えるためにまとめられる。情報収集や工作を行うだけがスパイの仕事ではない。集まった情報をリポートとしてまとめていくデスクワークもスパイの重要な仕事の1つなのである。まとめられた情報は、自国の安全保障対策や政治決定の材料として活かされることとなる。

ロシアと中国のスパイの大きな違い

では、ロシアと中国のスパイの大きな違いは何か。

それら3つの組織がそれぞれ独立し、各スパイが自分たちの組織のためだけに働き、実績も別で、ライバル関係にあるのがロシアであり、収集した情報を党のもとに共有するのが中国である。

これには一長一短がある。各組織が情報を共有する中国は効率がよく合理的だ。しかし間違ったインテリジェンスを共有するリスクも生じる。対して情報を共有しないロシアは無駄も多いが、そのインテリジェンスが正しいか否かのクロスチェックが働く。

各国の傾向としては、ロシア型が多数だろう。かくいう日本も〝縦割り〟と非難される官僚組織のご多分にもれず、情報の共有はおろか各組織の仲は悪く、弊害ばかりだ。その象徴的な例が内閣情報調査室の実態である。

まず、日本の防諜活動を担う組織は、警察庁および都道府県警察の公安部門である公安警察（警察庁警備局が都道府県警の公安部門を指揮しているが、東京都の警視庁だけは日本で唯一公安部が独立して置かれている）と法務省外局の公安調査庁があることはすでに述べた。

さらに、外務省には「国際情報統括官組織」という情報組織がある。ただし当組織は情報分析が主な任務であり、ヒューミントはほとんど行わない。

また、防衛省と自衛隊にある情報本部は、海外の軍事情報をはじめ、電波や画像、地理、公刊などのさまざまな情報を集めたうえで解析し、総合的な分析を行っている。

つまり日本には警察、公安調査庁、外務省、防衛省に情報組織があるのだ。そして、内閣官房に設置された、いわるゆ「内調」――「内閣情報調査室（英語名では「Cabinet Intelligence and Research Office（CIRO＝サイロ）」は、トップの内閣情報官の下に、これら4つの組織から人材が集められている。

ところが、それぞれの組織から来ている職員は、お互いに情報を共有するどころか、隠し合っている始末。本来であれば、内調は情報機関を統率し、情報を総括して官房長官や官房副長官に届けるのが役割なのに、それを果たしていない。

互いに他の省庁の持つ情報を気にかけているが、けん制し合っているため、協調がとれない体制になっているのだ。挙句の果てに、抜け駆け的に、独断で官房副長官に情報を届けるといったスタンドプレーもあって、組織としてうまく機能していない。

その点、中国の各情報機関同士の連携や、どのように情報を共有しているかは非常に興味深い。しかし、その全容は明らかではない。

スパイマスターが直接工作するロシア、姿を隠す中国

ロシアと中国の情報機関の構造について話してきたので、次に、両国のスパイが日本で行っている工作の実態について、紹介したい。結論を先に述べると、中ロ両国の違いは具体的方法にも表れているのだ。

ロシアの場合、専門の訓練を受けたスパイ本人が現場でリクルート活動や情報収集を行う。政治関係や軍事関係のシンポジウム、あるいは大きなイベント会場で催される防犯・

防災グッズや防弾チョッキなど装備品の展示会などにロシアスパイは姿を見せ、協力者を探す。

ロシアスパイがイタリア人コンサルタントになりすまして、日本企業の社員から軍事転用が可能な機密情報を入手し、見返りに現金を渡していたケースもある。その社員は逮捕されたが、ロシアスパイは何事もなかったかのように帰国した。

また、ターゲットに対し、最初からロシア大使館の者であることを明らかにして接触してくることもある。「自国に技術を紹介したい」、「ロシアメディアに紹介したい」というようなアプローチだ。さらには、大使館員が正面から名刺交換するが、その後の接触は別の在日ロシア人である民間人が行い、協力者に仕立てていくこともある。大使館の名刺を出されると警戒する人もいるので、はじめから民間人を送り込む場合もあるし、学者やジャーナリストに扮したスパイもいる。

ここが中国との違いだ。中国の場合、ロシアのようにスパイが現場に来ることがない。中国の情報機関から派遣されているスパイには、役割として、「メッセンジャー（伝達担当）」や「リエゾン（連絡担当）」のような人を抱えており、そうした人たちを動かしているのが、スパイマスター（リーダー）だ。

つまり、スパイ本人は表に出てくることはなく、本国から、あるいは大使館に残って、指揮を執っている。スパイマスターが、現場でリクルートされるスパイに会うことはまずない。

メッセンジャーやリエゾンをするスパイたちも、さらに幅広くいろいろな協力者を集めて情報網を広げていくのが中国のやり方だ。先に日本にいるロシアのスパイの数を協力者も含めて１２０人と言ったが、中国は最大で３万人とも目されている。スパイといっても、ごく普通の留学生やビジネスマンたちのことだ。日本の外事警察のメンバーもそうだが、００７のジェームズ・ボンドとは違い、見た目は地味（目立つと諜報活動に支障がでる）。スパイはすぐそばにいると考えたほうがいいだろう。

スパイの最初の見返りは３０００円程度の謝礼

では具体的にスパイの手口を見て行こう。まずはロシアだ。

2020年1月、ソフトバンクの機密情報を不正に取得し、在日ロシア通商代表部のアントン・カリニン代表代理に渡していた疑いで、同社の部長だった40代後半の元社員を不正競争防止法違反で逮捕した事件があった。

ソフトバンクの部長ともともと関係を築いていたのはカリニンの前任者で、その職員は2017年春に帰国し、その後を引き継いだのがカリニンだった。

貿易や通商の出先機関であるロシア通商代表部の場合、代表と2人の代表代理は外交官であり、後者はGRUとSVRの指定席だ。ロシア通商代表部は他国の通商代表部と違って、外交官の見習いである外交官補が大勢いる。

他国の外交官補と違い、ロシアは、スパイの見習いをさせる。GRUやSVRから若手を外交官補として、日本に送り込んでいるのだ。

たとえば彼らは、ロシアのスパイが日本の協力者と会うとき、尾行者がいないか50メートル離れた地点から監視して、諜報活動を支援する役割を任ったりする。

外交官補は外交特権がないかわり、赴任しても外務省に届ける義務はない。正確な数はわからないが、ロシア通商代表部には少ないときで15人、多いときで30人ほど外交官補がいた。そのためロシアの通商代表部は、公安関係者の間で「スパイの巣窟《そうくつ》」と呼ばれていたのである。

逮捕されたソフトバンクの部長が通商代表部の職員と出会ったのも、実は外交官補たちの仕掛けだった。

外交官補は、まずソフトバンクの社員たちが夜どこで飲んでいるか調査したようだ。新橋に居酒屋が数軒あることが判明すると通商代表部の職員に報告。その後職員はその居酒屋へ行き、複数のソフトバンク社員と名刺交換していた。

ロシア通商代表部という肩書の名刺に対して、ほとんどのソフトバンクの社員は警戒心を抱いた。だから職員が食事に誘っても断わられたというのであるが、逮捕された元社員だけは職員と何度も会食し、関係を深めていった。そして2017年2月、職員は着任したカリニンを紹介した。

一方、警視庁公安部は、カリニンがSVRのスパイであることを最初から把握し、来日直後から外出が多かった彼を複数人からなる捜査チームで監視していた。

2019年から捜査チームをもう1班増やし、カリニンを監視するようになった。捜査員がカリニンを尾行したところ、銀座のコリドー街にある居酒屋で元社員と会食しているところを確認。彼はカリニンに電話基地局の通信設備関連工事の作業手順書などを渡していたという。

ロシアは、5G（第5世代移動通信システム）に必要な多数の基地局を建設するために技術が必要だったのだろう。元社員はカリニンから謝礼を受け取っていたことを自白した。最初は、HPに載っているような公の情報を提供した。見返りも3000円程度の謝礼だった。次に社内報をもらって5000円程度の商品券……という具合に徐々にハードルを上げていき、機密情報には1回で20万円渡していたという。結局、元社員はカリニンに2回機密情報を渡して計40万円受け取っていた。

これはロシアのスパイの常套手段である。気楽に引き受けたつもりが、気づけば後に引きかえせないほど深みにはまってしまうのだ。同じことがあなた自身に起こらないとも限らないので、どうか気をつけてほしい。

2020年7月、東京地裁は元社員に対し懲役2年執行猶予4年、罰金80万円の有罪判決を下した。警視庁は外務省を通じ、元社員と接触したロシア通商代表部の職員やカリニンの出頭を要請したものの、カリニンは2020年2月、逃げるように帰国したのである。

中国人スパイにあまりに無防備な産総研の実態

次に紹介するのは中国の例である。

2023年6月、国立研究開発法人「産業技術総合研究所」の上級主任研究員、権恒道容疑者が、18年4月、自身が研究している「フッ素化合物」に関する情報を、中国の化学製品製造会社にメールで送り、営業秘密を漏洩《ろうえい》した疑いで、警視庁公安部は、不正競争防止法違反（営業秘密の開示）で同容疑者を逮捕した。

漏洩された研究情報は「フッ素化合物の合成に関わる先端技術」で、地球温暖化対策などに役立つ可能性があるとされていたものだ。

しかも酷いのは、漏洩の約1週間後、化学製品製造会社は中国でフッ素化合物に関する技術の特許を申請し、20年6月に取得していたという。申請内容のデータは流出したものとほぼ同じもので、発明人として権容疑者が名を連ねていたという。さらに漏洩先とされる中国企業の日本代理店の社長が容疑者の妻だった。

しかし権容疑者は容疑を全面的に否認している。彼が否認している以上、事実としては、彼が２００２年４月から産総研に勤務し、18年４月に中国の会社にメールが送られ、23年６月に逮捕されたということしかなく、全容は解明されていない。

そもそもこの問題の根深さは、権容疑者がいわゆる「国防七校」の１つである南京理工大学の出身の危険人物であることが、はじめからわかっていたことだ。

「国防七校」というのは、ほかに北京航空航天大学、ハルビン工業大学、ハルビン工程大学、北京理工大学、西北工業大学、南京航空航天大学のことで、国務院に属する「国防科技工業局」によって直接管理され、中国人民解放軍と関連が深い。軍と軍事技術開発に関する契約を締結し、先端兵器などの開発や製造を一部行っている。そのため、７校のうち４校は米国禁輸リストに載っている。

権容疑者は、一時期国防七校の１つである北京理工大学の教職を兼任し、フッ素化学製品製造会社「陝西神光化学工業有限公司」の会長も務めていたという。しかも２０１８年

1月の全国科学技術大会で、地球温暖化を防ぐフッ素化合物の研究実績が評価され、「国家科学技術発明2等賞」を授与され、会場を訪れた習近平国家主席とも面会していた（「時事通信」）。

かつ新たに判明したのは、産総研に在職中、中国企業計約10社の役員に就いていた。産総研が兼業を禁止にしていることは言うまでもない。

そのような危険な人物にもかかわらず、国の研究機関が受け入れ、アクセス権を十分制御せずに先端技術の研究に従事させ、兼業にも気づかず、ほしいままに研究データをメールで転送させていたのである。

そうなると、権容疑者はいつからスパイとなっていたのか、中国企業に送信されていた研究データはほかにもあるのではないか、という疑問が湧いてくる。また、容疑者の妻の関与とその会社の実態も疑われるところだ。

産総研のスパイ事件は、中国人研究者による産業スパイの実態を明らかにしただけでなく、中国人を受け入れる日本の研究所や企業側の問題も浮き彫りにした。

スパイへの入り口はＳＮＳ

スパイからのファーストコンタクトがＳＮＳだった、という今どきの事件も起きている。２０２０年10月、大阪市の大手化学メーカー・積水化学工業が舞台になったスパイ事件だ。積水化学工業の元社員が、スマホの液晶画面に使われる技術を、中国企業に不正に漏洩した罪に問われた。

中国の広東省に本社を置く通信機器部品メーカーの潮州三環グループの社員が、ＳＮＳの「リンクトイン（LinkedIn）」で積水化学の社員に接触して企業秘密を送らせていた。

LinkedInというのはビジネスに特化したフェイスブックのようなアメリカのＳＮＳで、現役の一流企業の常務だったり、元外交官の方などが集まっている。顔写真つきの履歴書や紹介文を載せることができ、実際このサイトを通してヘッドハンティングされたり、転職する人も多い。

案の定、その元社員も積水化学を解雇された後に、別の中国企業に転職していたという。

中国のやり方が巧妙なのは、LinkedInのようなＳＮＳを通じて、手あたり次第、優秀でかつ今の会社の待遇と評価に不満を持っている日本人を探す。「あなたの業績」あるいは「あなたの研究に興味がある」と近づいてくる。

コンタクトをとって、だいたいひと月くらい経つと、給料や上司、社内評価など会社に不満のある人は誰でも愚痴を言い出すという。中国のスパイはそこに付け入るのだ。「３倍の年収を払う」とか「もっといいポジションにつける」と、好待遇を示す。優秀でかつ不満を持っているだけに、そうした提案を拒むことが困難であることを見透かしているのである。

積水化学の元社員も、本心かどうかはわからないが、スパイとは思わず、その中国企業と自社が提携できればいいと思って付き合っていたと供述している。情報の交換だったと主張するが、実際には中国企業側から元社員に対して、情報提供が行われたことは一度もなかった。

また、中国企業の負担で数回、中国に招かれていたのだが、有休をつかって会社に無断にしているところをみると、下心があったのだろう。

それからぜひとも知っていただきたいのは、中国企業に対する基本認識として、真の意味での民間企業は存在しない、ということだ。民間企業とは名ばかりで、経営陣に共産党員が入り込んでいるし、ひとたび共産党の意に沿わなくなれば財産は没収される。日本の企業と同じ感覚で取引すること自体が危ういのだ。

だが、元社員の立場にたってみれば、自分の業績や研究を評価し、高給やポジションを与えてくれる中国企業の申し出を断れる人はいるであろうか。しかも会社に不満を持っているのである。愛国心がなければ、その誘惑に打ち勝つことはできない。だからたやすく堕ちる。

同僚が元社員の不正行為に気づきこれを指摘。その後の社内調査により事案が発覚。2021年8月、大阪地裁は元社員に対して懲役2年、執行猶予4年、罰金100万円の有罪判決を下した。

狙われているのは後継者不足に悩む中小企業

あとで詳細に述べる再生エネルギー事業に中国企業が食い込んでいる実態と共通する話だが、近年、中国の情報機関が狙っているのが、『下町ロケット』で描かれたような高い技術を持った中小企業である。後継者不足や、財政難で廃業に陥りそうな会社をエムアンドエー（M＆A）で合法的に買収する。その際、買収するのは中国企業ではなく、協力者が経営する日本企業や日本に帰化した中国人の企業だ。後継者不足に悩む中小企業の買収が話題にのぼっているが、そうした潮流に中国の情報機関も便乗し、手っ取り早く技術を取っているのである。そして北京や上海などに支店を設置する。

法律にのっとって買収している以上、防ぐ手立てがないし、外事警察としても事件化できない。稀《まれ》に顧問税理士や会計士がおかしさに気づいて通報してくるが。

したがって、中小企業の経営者自身で会社を守るしかないのであるが、恐ろしいことに危機感は薄い。経営者を集めたセミナーなどで買収による技術流出の話をしても、「うちは関係ない」という。だが、仮にそうだとしても、情報を抜くためのハブとして利用される危険があり、グループ会社や提携会社にも累を及ぼしかねない。サイバー攻撃でも、セキュリティの脆弱《ぜいじゃく》な子会社を経由して、本丸を狙うのが常套手段なのである。

国家としてできることは、対北朝鮮のように軍事目的に転用できる技術の流出を防ぐ制裁措置をとったり、最先端技術を持つ日本企業のリスト化であろう。現にアメリカは対中国に対してそのような対抗措置をとっている。日本も検討すべきだ。

中小企業は反発するだろうが、13年に成立させた特定秘密保護法、日本の安全保障に関する情報のうち、特に秘匿することが必要であるものを「特定秘密」として指定し、取扱者の適性評価の実施や漏洩した場合の罰則などを定めた法律の対象にすることも考えなくてはならないだろう。場合によっては特定秘密の技術に指定された企業が倒産しそうになったら、日本政府が買い取るくらいの対策も必要かもしれない。

第2章

スパイから逃れられない中国人の宿命

中国スパイの協力者は中華屋や洗濯物屋にも潜んでいる

中国のスパイマスターの下にはメッセンジャーやリエゾンがいて、その下の協力者にもいろんな職業の人たちがいる。

たとえば、中国人スタッフがいるバーやクラブ、中華レストランの経営者や従業員にもいる。中華料理屋というのは、お酒が入ると機微な情報を得られたり、有名人や専門家が常連のお客になることもある。

中華料理屋も、立地次第では有力な情報収集をする拠点になりうるだろう。そこには密航者がいる可能性が高く、中国の情報機関からすれば情報を吸い上げるのに都合のいい人材になりえる。

一方で、個室があるような高級な店であれば、自衛官などの会食時に盗聴マイクを仕組むこともできる。中華レストランの場合は、個室だからといって油断してはいけない、というのは外事警察の常識である。

ウソだと思うかもしれないが、過去には横須賀基地のそばの洗濯屋がスパイだったケースもある。１９５５年に神奈川県警の外事課が検挙した中国スパイ事件だが、本件で、中国人工作員の驚くべき実態が初めて明らかになった。しかもスパイ逮捕に至ったのは捜査員が洗濯屋を不審に思ったことがきっかけだった。

日本人女性に成りすまし、米兵を手玉に取った中国人女性スパイの悲哀

１９５３年、当時横須賀港には米極東海軍司令部がおかれ、第七艦隊の母港となっていた。横須賀市内で、中川英子という女性が米兵相手の「ロッキー」というバーでホステスをやっていた。彼女の正体は、中国が日本に送り込んだスパイ、本名は劉香英《りゅうこうえい》だった。

当時は東西冷戦が始まったころで、日本海にはソ連や中国の潜水艦が行き交い、第七艦隊はそれらを監視していた。中国は東側陣営として第七艦隊の動静や、54年1月に進水する世界初の原子力潜水艦の情報を欲しがっていた。彼女に課せられた任務は、米兵からそれらの情報を入手することだった。

ロッキーで働き始めた劉は、たちまち米兵たちの人気者になった。というのは、当時のホステスは、流れ流れて横須賀に来た「はすっぱ」な女性ばかり。それに比べて若くてすれていない劉のような女性は珍しかったからだ。

彼女は完璧な日本語を使い、米兵には流暢《りゅうちょう》な英語で話しかけた。他のホステスは米兵を店に引き入れると体を押し付けて媚態を示すが、劉は「長い間航海して疲れたでしょう」と米兵の耳元で囁《ささや》いて、労ったという。そして劉は、多くの米兵と肉体関係を持った。

なかでも、極東海軍通信隊のバーロー兵曹や米軍人相手に商売をしていた保険会社のヘンダーソンと親密になっている。劉は、バーローを自分のアパートに泊めることが多かった。

バーローから第七艦隊の全体の動きや進水したばかりの原子力潜水艦「ノーチラス号」の構造、装備などを寝物語で聞き出し、艦船の出入港予定表も入手。さらにヘンダーソンからはムチャをさせてまで、米軍艦船の修理予定表を入手した。彼はよほど劉のことを気に入っていたのだろう。

艦船修理予定表には、各艦の行動予定海域、修理予定の艦名、修理箇所が書かれてあったという。中国にとってはノドから手が出るほど欲しい情報だった。

ところが、ひょんなことから劉の諜報活動が発覚してしまう。

劉は、入手した情報を日本に帰化した中国人が営む米兵相手の洗濯屋に届けていた。洗濯屋も中国のスパイだった。

横須賀港に艦船が入港すると、横須賀市内に21店あった洗濯屋は臨時人を雇うほど忙しくなる。ところが劉が情報を届けた洗濯屋だけは、劉の情報で艦船が入港する日がわかっているので、事前に臨時人を雇っていたのだ。

アメリカ海軍情報部（ＯＮＩ）がこれを不審に思い、その洗濯屋を調査し始めた。

ＯＮＩは劉と洗濯屋の関係を突き止め、さらにバーローが機密文書である40枚にも及ぶ出入港予定表を、ヘンダーソンは艦船修理部の極秘文書を盗写して劉に渡していたことが発覚した。

ＯＮＩは神奈川県警外事課に通報した。55年7月、刑事特別法（米軍の安全を害するために米軍の機密情報を盗んだ場合、10年以下の懲役に処することができる）によって、劉らは一斉に逮捕された。

神奈川県警の捜査によって、劉は中国浙江省生まれの中国人で、もともと女優志望だったことが判明した。

劉は懲役2年執行猶予3年で、国外退去。洗濯屋は懲役8カ月執行猶予2年。さらに軍事裁判でバーローは重労働2年で階級剝奪《はくだつ》、ヘンダーソンは重労働2年を言い渡された。

彼女は、女優を目指して上海芸術大学の試験をうけるのだが、試験官から特別工作員に向いていると説得され、北京にあるスパイ訓練所に入ったそうだ。そこで日本語や英語はもちろんのこと、日本人の習性、護身術、変装術、拳銃の撃ち方、暗号組み立て法などを学んだ。

劉が成りすました中川英子さんは、満州在住の日本人の娘で、1952年に病死していた。中国当局は英子さんのことを調べ上げ、彼女に関するすべての情報を劉に叩き込んだ。そして絶対中国人とバレないような厳しい訓練を行った。

劉は、自分の肉体を任務のために捧げることを命じられていた。逮捕後の取り調べで、中国の情報機関から訓練を受けたか彼女に聞いてみたものの、一切語らなかったという。

彼女に対し、祖国はどれだけ報いたのであろうか。

ハニートラップで陸曹長と偽装結婚していた中国人ホステス

意外と思われるかもしれないが、公安警察の監視対象は、防衛省・自衛隊が含まれる。何も日本だけでなく、ロシア、中国、アメリカなどどの国もそうだ。軍隊はそれこそ機密情報の宝庫であるし、スパイを許せば自国の崩壊につながりかねないからである。

２０１３年６月、京都・祇園にある中国人クラブが京都府警の家宅捜索を受けた。30代前半の中国人ホステスが在留資格を得るためにクラブの常連だった、20歳以上年上の陸上自衛隊桂駐屯地の陸曹長と偽装結婚していたことが発覚したからだ。

中国人ホステスと陸曹長は公正証書原本不実記載・同行使の容疑で逮捕され、ホステスは有罪が確定。懲戒免職となった陸曹長は13年9月、懲役2年執行猶予3年が言い渡された。

実を言うと、京都府警の本当の狙いは、産業スパイを摘発することだった。

中国人クラブは、八坂神社に近い雑居ビルの2階に2007年、オープンした。ママは気立てのいい美人の中国人で、7、8人いたホステスはいずれも中国籍だった。ママの親族は中国共産党の幹部だと言われていた。料金は1人2万円程度で、祇園でもそんなに高くはない。ホステスの多くは若い留学生だったので評判を呼び、人気店になった。

京都に本社のあるハイテク企業の幹部やエンジニア、陸上自衛隊桂駐屯地の幹部も常連になった。

中国人女性たちが狙っていたのは、電子部品や精密機器など、日本の最先端技術の情報。ハイテク企業の幹部やエンジニアが来ると、例のごとく彼女たちはハニートラップを仕掛ける。逮捕された陸曹長も色仕掛けで偽装結婚してしまったのだ。警察は、このクラブ自体が中国の情報機関の活動拠点だったと見ていた。

店の中国人女性と深い関係になったハイテク企業の技術者は、機密情報を渡していた。また、製品情報や技術部門の人事異動に関する情報も。なかには、店でホステスに新製品の設計図を見せた技術者もいたそうだ。京都府警は、このクラブには大手を含めて5社以上の企業関係者が出入りしていたことを把握していた。

では、中国人女性が入手した情報はどうやって中国当局に渡されるのか。

彼女たちは駐日中国大使館や領事館の職員と接触することはない。外事警察の目が光っているので、そんなことをすると諜報活動がバレてしまう。ママやホステスは春節（2月3日）に帰国した際、本国の諜報機関に情報を伝えることになっていた。

もっとも京都府警は、クラブの実態を把握しても、徹底的な証拠をつかめなかった。そんな折、陸曹長とホステスが偽装結婚していたことが判明したのだ。

陸曹長は２０１１年11月22日、ホステスと共謀して婚姻届を提出。２０１２年１月から２０１３年５月にかけて、自衛隊から扶養手当など計約30万円を受け取っていた。入国管理局が調査したところ、２人は同居しておらず、結婚生活の実態がないことがわかった。

京都府警は２人を逮捕。それと同時にクラブも家宅捜索した。そして産業スパイとして中国人女性も立件しようとした。ところが、ママやホステスを事情聴取しても、スパイ活動について完全否定されたようだ。

結局、中国人クラブは2013年7月に閉店した。

閉店した後、中国人女性たちは、大阪や神戸、東京、仙台、札幌などの中国人クラブで引き続き働いていた。今も、諜報活動の拠点となっている中国人クラブは全国にある。国家安全部による経営、あるいはその息がかかっている。

東京には、中国共産党が直接経営していると見られる店が池袋、新宿・歌舞伎町、六本木などにある。また、六本木には駐日中国大使館御用達の高級中華レストランがあって、個室がいくつかあり、諜報活動の拠点となっている。お持ち帰りOKの女性も常駐していて、ハニートラップを仕掛けるのだ。

ウイグル人を籠絡する中国の手口

中国当局がウイグル人をジェノサイド（集団虐殺）したり、人口を抑制するためウイグル人女性を集団で避妊手術をさせたりするなど、忌まわしい行為は広く知られている。

世界的に非難されていることであり、実際、国際人権団体アムネスティ・インターナシヨナルは21年2月、ウイグル人などイスラム教徒の少数民族が暮らす中国北西部の新疆地区で、中国当局がウイグル人に集団拘束や監視、拷問を行ったという報告書を公表した。

２００８年、在日ウイグル人によって設立された日本ウイグル協会は、中国による弾圧、人権侵害について情報発信している。中国の強制収容所で性被害にあったウイグル人女性や拷問を受けたウイグル人の写真や動画をホームページに掲載して世界に知らしめているのだ。

数年前だが、私は日本ウイグル協会の幹部からある相談を受けた。中国から逃れてきた協会の会員のもとへ、新疆ウイグル自治区から親族が訪ねてきた。ところが、その親族が帰国すると、中国当局から身柄を拘束されてしまった。

同時にウイグル自治区にいる他の親族も数名拘束された。中国当局は、親族を拘束する理由を言わなかった。その後、中国当局から日本ウイグル協会へ連絡があり、親族が訪ねた会員と話がしたいと言ってきたのだ。

会員は幹部に相談し、中国当局の電話を受けることにした。

その際、中国当局の担当者は会員に「あなたとは友達になりたい。協力してくれないか」と持ちかけてきた。会員が「なぜ親族を拘束したのか?」と尋ねると、「私は担当者ではないのでわからない。でも、あなたが今後協力してくれたら、寛大な措置をするように伝える」と言ったという。

要するに、中国当局が取引を持ちかけたのだ。当局の担当者は、さらに「あなたはまだ日本に帰化していない。友達になってくれたら、駐日中国大使館が法務省に電話をして、すぐに帰化できるようにする」と言ってきた。

実際は、中国大使館が電話をすればすぐに帰化できるなんてことはありえない。何より驚いたのは、彼が、会員がまだ帰化できていないことを知っていたことだ。つまり、スパイを使って日本のウイグル人コミュニティを調査していた可能性がある。

私はその話を聞いて、中国当局と〝友達〟になってもすぐに帰化できないと伝えた。会員は幹部と協議の末、中国当局とは二度と連絡を取らないことを決めたという。

中国当局は、その会員を協力者に仕立てたかったのだ。イスラム教を信仰するウイグル人は反共の立場だから、中国にとっては脅威にほかならない。

ウイグル人は民族意識が強く、中国の共産主義には決して染まらない。中国当局は、彼を協力者にしてウイグル人が日本で何をしているのか、どのくらいの人数がいるのか、情報収集したかったのだろう。幸いなことに、身柄を拘束された会員の親族はその後釈放されたそうだ。

日本で暮らすウイグル人は、帰国すれば確実に拘束される。そのため日本に帰化しようとする者が多い。

帰化できていないウイグル人は、中国当局から住所を突き止められるのを恐れて、隠れるように日本で暮らしている。新疆ウイグル自治区にいる親族と連絡するときも、携帯電話やパソコンは使わない。中国当局に傍受されるからだ。そのためテレホンカードを使って、公衆電話から連絡しているのである。

海外に無断で54カ所も「警察署」を設置

中国が日本を含め海外に無断で警察署を設置しているのはご存知だろうか。

言うまでもないことだが、自国の警察捜査権や逮捕権を外国で行使すれば、その国の主権を侵害することになる。主権を守るためには、外国勢力を排除する軍事力と国内の治安を維持する警察力の存在が絶対条件で、それがなければ国家の体をなしていない、といわざるをえない。

ところが、中国は海外に54カ所も「警察署」を無断で設置しているのだ。

これまでに少なくとも2つの省の公安局が5大陸21カ国で、計54の「海外警察サービスセンター」を設立していたことが判明している。中国が海外警察サービスセンターを設置したのは、新型コロナの感染拡大が始まった2020年からだ。

表向きは、コロナ禍で海外にいる中国人が不便を被っているので免許更新などのサービスを行うための組織だと説明しているが、実際は、海外にいる中国人を監視するためのものだ。

もっとも、同じような監視制度は中国には以前からあった。

たとえば、横浜の中華街では昔から日本にいる中国人が監視役を担っていた。反政府的な中国人などがいれば中国大使館の諜報員に密告していた。結局、そういうやり方では限界があるので、中国の公安当局が出先機関をつくり、そこで中国人の犯罪者や反中国的な動きをしている者の情報を収集するようになった、というのがその経緯だ。

海外警察サービスセンターに通報があると、問題人物の中国にいる親族の情報を収集する。海外警察の要員が直接問題人物に接触し、「故郷にいる両親がどうなってもいいのか」と脅し、帰国を促す。「自主的に」と言いながら半ば強制的に中国に帰国させられることとなり、罪を負わせるのである。

海外警察ができてから、世界各国にいる中国人の帰国が急増した。その多くは犯罪者ではなく、民主運動家や習近平政権への不満分子など。全世界的に直近3年間で数十万人ほどの中国人が、帰国させられていることが判明している。

東京大学の教授であり、現代中国学会理事長の阿古智子氏は、中国人の教え子が数人、帰国後連絡が途絶え、行方不明となっていることを伝えている。

日本にある中国の「海外警察」は、東京のJR秋葉原駅近くの5階建てのビルだ。団体名は、「一般社団法人日本福州十邑《じゅうおう》社団聯合総会（福州十邑聯合）」。

他に可能性があるのは、福岡、名古屋、神戸、大阪、銀座だといわれている。

恐ろしいのは、拘束される中国人たちが必ずしも反中ではないことだ。

有名なところをあげれば、2013年7月、中国で、情報漏洩の疑いで中国国家安全省に拘束された日本在住の中国人学者・朱建栄氏のケースだろう。だが朱氏は周知のように決して反中的な学者ではなかった。

また、23年2月に中国に一時帰国した亜細亜大学・都市創造学部の范雲濤教授も現在まで連絡がとれていない。23年度の授業が始まる4月までに日本に戻る予定だった。

同じく23年、神戸学院大学に勤務する胡士雲教授も一時帰国後、消息不明となっている。朱氏と同様に中国当局に拘束されたと思われるが、その理由も朱氏とは違い一切が不明なのだ。本国の家族さえ消息をつかめていない。

海外脱出、帰化しても「スパイになれ」の魔の手が伸びる

中国国民には、「国家情報法」といって、スパイ活動への協力を義務付けた法律が2017年から施行されている。この法律の対象となるのは、中国国内はもちろんのこと、世界中の中国籍の人間だ。

事実上、帰化して中国籍を捨てた人間もまぬがれることはできない、恐ろしい法律である。

スパイ活動を拒否したり、情報を提供しなかったことが判明すれば厳しい罰則もあり、中国国内に住む親族にも累が及ぶ。いわば、人質をとられたかっこうだ。

留学で日本に滞在する中国人学生は、江東区にある「教育処」と呼ばれる大使館の関連施設で、個人情報を登録させられる。日本の滞在先から、留学者の学校、卒業後の進路などら、顔写真つきでデータベース化されているのだ。教育処では現役の留学生だけでなく、これまで日本に留学した人たちの膨大な個人データが記録され、管理されている。

たとえば、中国のスパイが、ある大手電子機器会社の技術が欲しいとする。するとまずターゲットの企業に中国人がいないかを、教育処のデータを使って調べるのである。そして見つかった場合は、単刀直入にスパイ活動に協力するよう要請する。

もっと乱暴なのは、有名大学に留学している中国人留学生に対して、中国の欲しい技術を持っているターゲット企業を示し、「あの企業に就職しろ」と要求していくケースである。

このように、留学生を活用するのが中国の情報機関の大きな特徴である。特に最近、これまで以上に留学生をスパイ要員にリクルートする傾向が強まっている。リクルートの対象になっているのは、留学中の学生に始まり、留学経験者や留学後に日本に引き続き滞在している中国人、さらに日本企業に就職をした中国人である。

留学生や留学経験者を使う理由は、まず日本人から疑われにくいことがある。また、効率もいい。そんなことが本当にできるのか、と不思議に思う人もいるかもしれない。しかし、現実に起きているのだ。

さらに中国スパイといえば、最近増えている「国籍ロンダリング」をする中国人にも、スパイは触手を伸ばしている。

まず国籍ロンダリングとは、中国人が国籍のとりやすいオーストラリアやカナダで市民権とパスポートを獲得し、それを使って中国とは関係ないような顔をして日本にやってくる。スパイとは無縁だった海外移住者たちのなかにも、中国スパイに目をつけられて、実際に協力者になってしまう者も少なからずいるようだ。

同胞の協力者をリクルートする方法は、アメとムチである。その際、協力者になればどんな利益があるのかを伝える。すなわちアメだ。「お父さんやお母さんの年金が増えますよ」とか「公務員のお兄さんの昇任が早くなりますよ」など。

さらに、協力してくれれば働きに応じてお金を支払うとも説明する。ホームラン級の情報を持ってくればホームラン級のお金を渡すし、ヒット級ならヒット級のお金、といった具合で。この点は他国のスパイの手口と変わらない。

両親の年金が増え、兄弟が出世でき、自分もいい情報を持ってきたらそれ相応の謝礼をもらえる。しかもそれは「国家のため」なのである。バイト感覚で協力してしまう人もいるだろう。

そして、一度協力してしまえば、なかなか抜け出せなくなるのが、中国スパイの怖いところだ。相手にはさまざまな個人情報を把握され、会社を裏切ってしまった以上、もう普通の生活には戻れないと脅されるのである。

だが、なかには日本人と結婚し、生涯日本人として生活したいと思っている人もいる。すでに日本人に帰化している場合もある。そういう人たちからすれば、日本を裏切ることでもあるし、犯罪行為に手を染めるケースもあるため、協力したがらないことがある。

しかし、もし協力要請を断ろうものなら、今度はムチが、脅しが始まるのだ。「お父さんとお母さんがどうなるか、ちょっと心配だ」「お兄さんの公務員の仕事も今後はどうなってしまうかは保証できない。お兄さんには子どもがいるけれど、学校に通えなくなってしまうかもしれない」。こんな卑劣な脅迫があるだろうか。

これで怖くなって実際に日本の警察に逃げ込んでくるケースもあり、そういう場合は、警察もしっかりと助ける。まず被害者には警護をつけ、そのうえで実際にスパイを強いている相手に会いに行って、「被害届が出るぞ」と告げれば、相手のスパイは諦めるしかなくなるのだ。

しかし、それは稀なケースだ。たいていは、逆らうのは辛いからいっそ言いなりになってしまったほうがいいと思うようになる。中国以外で、ここまで大規模かつ強権的にスパイ活動を日本で行っている国はない。

中国人として生まれたばっかりに、そして中国共産党という一党独裁体制であるがゆえに、海外に逃げても監視の目が迫り追手がくる、というのは考えてみると恐ろしい話だ。その人が優秀で有能であればあるほど、スパイの要請をまぬがれない。日本人には考えられない世界である。

第3章

中国に行ってはいけない

領事を死に追いやったハニートラップの手口

女性スパイが男性に対して色仕掛けで行う諜報活動であるハニートラップを積極的に使って情報収集しているのが中国だ。

2004年5月6日、上海にある日本総領事館の領事が自殺したのもこれが原因だ。ハニートラップにかかり、脅迫されたのである。

上海にいくつもあるカラオケクラブは、ハニートラップの巣窟となっている。日本と違って特別料金を払うと店の女性と個室を利用することができるが、その個室で女性とイチャついていると、隠しカメラで写真や動画を撮られる。自殺した領事は、上海市長寧区にあるカラオケクラブに通い、特定の女性と親密な関係になったという。

件《くだん》の領事はもともと旧国鉄の職員で、分割民営化のときに外務省に入省。アンカレジやロシア勤務を経て2002年3月、上海日本総領事館に単身赴任した。同僚に連れられて初めてカラオケクラブを訪れたのは、着任して数カ月後のことだった。その後、領事はその店へ頻繁に通うようになる。

カラオケクラブの女性は、中国の情報機関とつながっている。お客が外交官や企業の幹部だとわかると、諜報員が現れ女性と関係を持ったことを問題にして脅し、協力者に仕立てるのだ。

２００３年６月、領事はカラオケクラブの女性から、２人の中国人を紹介された。１人は女性の通訳で、もう１人は情報機関のエージェントだった。

中国のエージェントは、最初は上海総領事館の代表挨拶《あいさつ》などが載っている案内文など、当たり障りのない情報を領事に求める。それから次第に機密性の高い情報を求めるようになった。

領事の担当は、領事館と外務省との通信を担当する「電信官」だった。

電信官は、世界各国１８９カ所にある在外公館と外務省の情報伝達を担う仕事だ。外務省と在外公館でやり取りする公電（電報）で暗号が使用されている。暗号電文を組み立て、解除するシステムは電信官しか知らない。中国が狙っていたのは、その暗号システムだった。

日本の暗号システムはかなり複雑で、暗号が使われた電文は中国では解読できない。

2004年4月末、領事はロシア・サハリン州の在ユジノサハリンスク総領事館に異動が決まった。

領事の異動を知った中国のエージェントは激高したそうだ。「ここまでやってきて、逃げられると思うか。我々に協力しなければ、女との関係を総領事館だけでなく、本国にも暴露してやる」と言って脅迫したのだ。

追い詰められた領事は5月6日、中国のエージェントと再び会う約束をしていたが、その日の午前4時、領事館の宿直室で首を吊った。当時の杉本信行総領事や妻、同僚などに宛てた5通の遺書を残した。

杉本総領事に宛てた遺書には、こう綴《つづ》られてあった。

「あの中国人たちに国を売って苦しまされることを考えると、こういう形しかありませんでした」

「日本を売らない限り、私は出国できそうにありません」

外務省は遺族のことを考え、1年半以上もこの件を首相官邸に報告しなかった。200

５年12月、週刊誌が報じてようやく問題になったのだ。

この事件は、公安捜査員の間では有名な話。中国がいかにしてハニートラップを仕掛けてくるのか、具体的事例として教訓とすべき事件だ。上海のカラオケクラブは、いまだにハニートラップをやっている。上海にある日本企業に勤務している私の知人がカラオケクラブで女性と仲良くなったところ、企業の機密情報を教えてとせがまれたようだ。

中国で日本人をぼったくる2つのパターン

中国がゼロコロナを解除して以降、上海で日本人を狙ったぼったくりが急増している。中国に赴任、もしくは長期出張している20代の日本人男性が被害に遭っている。２０２３年は12月だけで上海の日本総領事に10件の相談があった。

被害者はいずれも出会い系アプリを使っていた。出会い系アプリで知り合った中国人女性からランチに誘われる。高級中華料理店で食事をするのだが、２人で１万円か２万円だと思っていたら、７０００元（約14万円）請求されたケースもある。

被害に遭った男性の1人が知人の企業関係者だったことから、依頼を受けた。20代後半のその男性は、あるプロジェクトに参加するために上海に長期出張していたという。

彼は中国語と英語が話せるエリート社員で、中国でハニートラップに遭うと写真を撮られて、公安に踏み込まれることもよく知っていた。だから中華料理店なら、ハニートラップの恐れのあるカラオケクラブやガールズバーではないし、アプリで知り合ってランチするだけなら問題ないだろうと、高を括っていたのだ。

現れた中国人女性は、20代後半で物腰が柔らかく、しかもかなりの美人だったという。メニューを見ると、料理の写真だけで価格は載っていなかったそうだ。何品か料理を選び、2人でビールを1杯ずつ注文した。

女性は、流暢な英語で話しかけてきた。彼女から「今、どんな仕事をなさっているの？　差しさわりがあるんだったら、無理に答えなくてもいいわよ」とか「どのくらい上海にいるの？　あと1回くらい会える？」などと訊かれたが、言葉遣いが洗練されていて、すっかり信用してしまった。

ところが、食事を終え、支払いをしようとすると、7000元（約14万円）も請求された。ビックリして、そんなバカなとクレームをつけると、店員がメニューを持ってきて、金額を示した。突然金額が入ったメニューを提示され不審に思ったという。

しかし、女性からは「もう、払うしかないよ」と言われ、もめるのも嫌なので渋々カードで支払ったそうだ。女性は店と間違いなくつながっていた。ゼロコロナで長らく利益が出なかったので、ぼったくりで荒稼ぎしようというのだろう。

これは常套手段であるが、ぼったくりにはもう1つのパターンがある。

まず、アプリで知り合った中国人女性から最初に喫茶店に誘われる。お茶を飲みながら長いことおしゃべりをして、夕方近くになると、今度は「お腹空かない？　食事に行かない？」と誘ってくる。

その際、お茶代は女性が払うと男は引け目を感じ、「食事は僕が持つから」となる。そして連れて行かれた中華料理店でぼったくりに遭うのがお決まりだ。金額は決まって7000元という。

日本総領事館に相談したのは10人だけだが、氷山の一角にすぎない。既婚者は妻にバレるとまずいので、泣き寝入りする人が多い。同様のぼったくりは、上海だけでなく広州市や香港でも起こっていて、日本人だけでなく他の外国人も被害に遭っている。コロナで苦境に立たされている飲食店が、今後も新たな手法で儲《もう》けようとするはずだ。気をつけねばならない。

多発する子どもの誘拐事件

中国の公安省は23年3月から7月末の間に、906件の誘拐事件を摘発し、1069人の容疑者を逮捕。長年行方がわからなかった子どもや女性1198人を発見した。逮捕者のなかには、26年の間に11件の子どもの誘拐事件に関与していたり、23年前に女性2人と4人の幼児を誘拐した男もいたという。

中国の東北地方の黒竜江省、吉林省、遼寧省などの農村部では、農業や工場などに従事する労働力が慢性的に不足していて、今でも人身売買が行われている。

そのために子どもや若い女性が誘拐されて、農村部に売られている。男の子は農場や工場で、女性は風俗店で働かされるケースもある。公安省が定期的に取り締まりを行っているため、件数は一時的に減るが、またすぐに増えていく。

公安省がもっとも多く摘発を行ったのは10年ほど前だ。そのころ、次のような危険な目にあった日本人の母子もいる。

広東省の広州市で、日本人の女性が小学生の息子と街を歩いていた。当時、子どもをダブルのトレンチコートのなかに隠して連れ去る誘拐犯が多く、母親はそのことを知っていた。

女性が先に歩き、男の子は後からついてきていたが、彼女は後ろを振り返った瞬間、「あっ」と声をあげた。そこには噂《うわさ》されていたトレンチコートを着た男がいたからだ。びっくりして息子を探したところ、近くにある木のそばにいたので、あわてて「こっちに来なさい」と言ったという。親子は、男にしばらく後をつけられたそうだが、なんとか難を逃れることができた。

また同じころ、日本人の子どもの誘拐未遂事件があった。

上海市の「カルフール」というフランス資本のスーパーマーケットで、日本人の30代の女性とその娘がショッピングをしていた。女の子は小学校低学年で髪が長く、後ろに垂らしていた。母親は商品を選んでいたため、数分間、その娘から目を離していたという。

母親が振り返ると、娘がいない。慌てた彼女は、店員に娘がいなくなったことを伝えた。店員はすぐに無線でガードマンに連絡、ガードマンの1人がスーパーマーケットの敷地内にいた不審な女に連れられ、泣いている女の子を見つけた。

これは怪しいと「その子はあんたの娘か？」と問うと、女はそうだと答えた。しかし女の子が助けを求めるようなそぶりをするので、母親をその場に呼んだ。ところが、母親は最初、自分の娘とわからなかったという。

なぜなら、女の子の髪がバッサリ切られていたからだ。娘から「お母さん」と言われて、初めて自分の子だとわかったそうだ。それにしても、僅か数分の間に髪を短く切ってしまうのだから、恐ろしい偽装工作だ。遠くから見ただけでは自分の娘とは思わなかったはずである。

子どもは1人、50万円から100万円で売られるという。河北省では2012年から2020年までの8年間で、実の子ども5人を次々に売却した男性が逮捕されたが、5人で約18万元（約320万円）の利益を得ていたそうだ。

中国では、自分の子どもを売る親もいるのが現状で、人身売買の問題は根が深い。中国で暮らす日本人は、街を歩く際、自分の子どもから目を離さないよう気をつけるべきだ。

ビジネスマンが中国赴任で絶対にやってはいけないこと

特に中国に単身赴任する男性に気をつけてほしいのは、ＤＶＤの持ち込みだ。今ではネットからダウンロードする人も多いだろうが、余暇を楽しむためにＤＶＤを持って行く人が少なくなかった。なかには、ついついわいせつなＤＶＤを持って行く人もいるだろう。実は、それで墓穴を掘る人もいる。

中国の入国管理局は、ＤＶＤを入念にチェックする場合があるからだ。入管は荷物をＸ線で調べる。その際、ＤＶＤらしきものがあるとわかると、「荷物を開けて」と言われる。そしてＤＶＤがアダルトだったら関税法違反になるため、別室に連れて行かれて事情聴取されるのだ。

中国ではたとえモザイクが入っていても違法になる。日本とは事情が違うのだ。入管の職員は、パソコンやUSBも調べる。わいせつなDVDや画像があった場合は、その場で身柄を拘束される。

もっとも1、2枚程度のDVDなら身柄拘束されることはなく、後日、警察への出頭命令が出る。ただ、ビジネスで中国に行ったのに、出頭命令を待つ身になってはたまらない。

上司に「実は、入管でDVDが見つかってしまい出頭命令を待っています」と報告すれば、「バカ野郎！」と言われてしまうのがオチだ。これでは仕事どころではない。

では、出頭命令が出るとどうなるのか。裁判で罰金刑が言い渡される。DVD1枚につき1000人民元（約1万9000円）が課せられる。罰金の上限は5万人民元（約95万円）。関税法違反の刑が確定したわけだから、そのまま国外退去処分となる。

写真集も関税法違反になる可能性があるという。ノーカットはもちろん、アンダーヘアが出ているものも違法となるケースがある。ただその辺は、入管職員の胸三寸だ。

2013年に習近平が国家主席に就任する以前は、入管でわいせつなDVDが見つかっても、賄賂を渡せば事なきを得た。入管でDVDが見つかると、入管職員が「普通だったら拘束されるが、そうならないようにできる」と言い、5本指を示したそうだ。日本人が5000円かと思って手渡すと、「一桁違う！」と怒鳴られる。

ところが習近平が国家主席に就任すると、公務員の汚職を厳しく取り締まったため、賄賂が通用しなくなった。

中国とのリモートで使ってはいけないワード

一方で、観光施設においても、注意を要することがある。

天安門広場は、今は観光施設になっていて撮影しても問題ないが、たまたまでもパトカーや制服の警官が写り込んでいるとアウトだ。

中国は、警察関連の情報については非常にナーバスなので、公安の詰め所に連行され、カメラやスマホの映像は削除される。場合によっては、パソコンやUSBが没収されることもある。

だが、もっと厄介なのが〝お金の問題〟だ。国内外には、偽の人民元が大量に出回っている。人民元は、日本円やユーロなどと比べると、精巧な印刷技術が使われていないので偽造しやすい。そのため、人口の多い都市には、偽造グループがたくさんいるのだ。

中国で買い物をして、100元札（約1900円）を出してお釣りをもらうと、偽札が入っていることがある。なかには、店で100元札を出すと、偽100元札とすり替えられ、「これ偽札じゃないか」と言われることもある。

偽札と知らずに使ってしまうと、偽札所持および使用で逮捕される恐れがある。

銀行のATMだからといって安心できないのが中国。まさかと思うだろうが、中国のATMから偽札が出てくることもある。中国のATMは、偽札が入金されても偽札と判別できず、そのまま機械が取り込んでしまうのだ。そのため現金を引き出すと、偽札が出てくる場合がある。偽札を持ってしまった場合は、公安警察に届けることになっている。

また中国では、これだけは絶対やってはいけないことがある。

電話、Eメール、SNSは、中国当局が傍受している。AIを駆使して、ある特定の単語が複数回使われると自動的に傍受される仕組みになっているのだ。中国語だけでなく、日本語も傍受する。

中国に赴任する日本のビジネスマンには、電話やメールなどで、習近平の悪口は絶対言わないこと、反中国的な発言はもちろんのこと、「革命」や「テロ」「クーデター」といった政権転覆を示す単語も駄目だ。これはセキュリティコンサルタントの業界では常識である。

実際、中国にいる日本人とZoomを使ってセミナーを行った際、テロという言葉を使ったり、習近平を批判したりすると傍受されて身柄を拘束される恐れがあることを説明していたら、画像が乱れ、音声が途切れたりした。そのときは、セミナーを中断せざるをえなかった。

特許申請などに関する情報や企業の機密情報は、メールなどで送信したりすることはやめたほうがいいだろう。

「親中派」なのにスパイ容疑で逮捕

2016年7月、シンポジウムに参加するため北京を訪問した日中青年交流協会理事長である鈴木英司氏が、スパイ容疑のため、国家安全部に身柄を拘束された。2013年12月、北京で中国政府高官と会食した際、金日成の娘婿にあたる張成沢が処刑されたことについて質問したことが、スパイ行為にあたると言われたという。

中国からは公安調査庁のスパイと認定された。ようやく釈放されたのは、それから6年後となる2022年10月11日だ。

中国は2015年より、外国人のスパイ行為を厳重に監視するようになった。これまでスパイ容疑で拘束された日本人は、外務省が把握しているだけで17人に上る。ただ、鈴木氏は日中友好協会の役員として200回以上訪中している、いわゆる「親中派」なのに、なぜ逮捕されたのか信じられなかった。

スパイ容疑で拘束されるケースは特別な人たちであって、ビジネスマンや観光客は関係ないと思われがちだが、実際はそうではない。

中国では、気軽に写真や動画を撮影していると、思わぬ事態に発展することがある。

中国は重要なインフラ施設は国家機密とされていて、撮影が禁止されている。軍港や原子力発電所などはもちろん、国際空港も重要施設となっている。基本的に撮影は止めたほうがいい。空港で記念撮影をしているだけで、身柄を拘束される可能性がある。

アステラス製薬の社員は最悪実刑

近年、「反スパイ」の動きは中国国内で一層高まり、挙国体制でスパイ摘発を進めている観がある。

23年3月、アステラス製薬の50歳代の社員が中国での任期を終えて帰国するその日に拘束され、逮捕された。翌24年8月、中国外務省の毛寧《マオニン》副報道局長は、社員が「スパイ罪」で起訴されたと明らかにした。

毛氏は「日本側が自国民に対し、中国の法律や法規を順守し、中国内で犯罪に関わらないよう教育することを望む」と言い放ち、「中国は法治国家だ」と強調したが笑止。社員のどのような行為がスパイ罪にあたるのかは、やはり明示しなかった。

スパイ行為を行ったなどとして２０１５年以降に拘束された日本人は今度で17人となり、逮捕・起訴後に解放されたケースはまだ一例もない。男性の拘束は長期化するとみられる。最悪は実刑だ。

習近平党総書記の意向を受け、国家安全省はこれまで国民の多くが利用するＳＮＳ「微信（ウィーチャット）」で繰り返しスパイ行為の密告を促し、貢献度に応じて奨励金を出してきた。教育界では、「国家の安全」をテーマにし、スパイ摘発や協力者のあぶり出しに促す教育をしている。

問題は何をもって「スパイ」とするのか、外国人には一向に不明なことだ。ただ、私の場合はっきりしていることがある。もし私が勤める会社から「中国に赴任せよ」と命じられたとしたら、警視庁公安部出身の私は迷わず辞職するだろう。

第4章
中国スパイ、マフィア、ヤクザの危うい関係

中国マフィアの主な収入源は密航ビジネス

一口に「中国人マフィア」といっても、「福建マフィア」や「広東マフィア」というように、出身地である省ごとにわかれている。中国の省は日本の都道府県や方言とは違い、大げさに言えば外国に近いくらい文化も言葉も違う。福建マフィアと広東マフィアでは言葉がほとんど通じないし、上海マフィアと福建マフィアは仲が悪く、場合によっては抗争になる。

中国人として一枚岩ではなく、グループごとにまとまり、なにごともなければ共存はするが、新しい利権ができたり、情勢が動くとグループの間で軋轢《あつれき》が生じ、対立する。マフィアが省ごと、グループごとにしのぎを削っているのは日本でも同じ。私が赴任したアフリカの某国でもまったく同じだった。

一時期、福建マフィアの手配で来日した貧しい福建人が、日本で犯罪を犯して捕まったことがあったが、彼らからすれば捕まって刑務所で数年服役することになっても、一山当てられたらそれでいいのだ。

手に入れたお金を地下銀行で本国の家族へ送金する。だから福建省のある地区では、日本から送金したお金で建てたと思しき豪邸が並んでいると聞く。

ところで、地下銀行の仕組みはどうなっているのだろうか。たとえば、密航者が１００万円を本国へ送金する場合、マフィアは日本に開設していた銀行口座に振り込ませる。そして、振り込まれたことを確認してから、中国で開設している口座から、１００万円を依頼先の口座に入金する。これだけだ。

あるいは直接現金を手渡すように依頼することもあるが、いずれにせよ、日本の銀行は、客からの振り込みを確認するだけで、海外送金にはまったくタッチしていない。

こうした地下銀行による送金は、為替手数料や海外送金手数料を低く抑えることができるし、何より資金の流れを見えにくくすることができる。これで違法な外為業務が成立することになるのだ。近年では地下銀行の代わりに仮想通貨の送金サービスも利用している。

日本では中国マフィアと聞くと、麻薬や恐喝に関わる犯罪集団というイメージを持つかもしれないが、中国マフィアの主な収入源は「密航」ビジネスである。

数百万円を対価に、中国大陸の人間を偽造パスポートで日本に送り込むのが、主流の「仕事」なのである。

日本の偽造パスポートが人気の理由

私がアフリカ大陸のとある国の大使館に赴任していたとき、日本人の偽造パスポートを使用して、不法入国する中国人がずいぶん多いことを知った。アフリカ某国で関係を築いた現地の法執行機関やアメリカ大使館のＦＢＩ職員から、そうした中国人の情報をたびたび得ていたのだ。

２００８年から09年にかけて、20回以上連絡が来た。

なぜか、このうちの半分が兵庫や大阪、奈良など関西地方に在住する人のパスポートの偽造だった。偽造パスポートを持った中国人の最終目的地は、ほとんどがアメリカだった。

中国は貧富の格差が酷く、金持ちはごく一部。貧しくてアメリカへ渡って一旗揚げようという人々が多い。アメリカで子どもが生まれたら、その子はアメリカの国籍を取得できる。アメリカで結婚できれば安泰と考えているのである。

なぜ、日本人のパスポートが偽造されたのか。

日本のパスポートは世界一、信頼度が高いからだ。日本人は犯罪に関与することが少ないので、銀行口座の開設や携帯電話の契約などが比較的簡単にできる。中国人としてアメリカに入国するより、日本人として入国したほうが暮らしやすいのである。

現地入管から連絡を受けて、実際に偽造パスポートを持った中国人の数人と面談したことがある。日本語で話しかけても何の反応もない。英語も通じない。現地入管には中国人の通訳がいるので、このパスポートはどうやって手に入れたかを聞いてもらったところ、親戚からもらったというだけで、詳しいことは答えない。

偽造パスポートを持った中国人はバンコクなど東南アジアから来た者が多かった。このような場合、入管で逮捕されることはなく、乗せてきた航空会社の責任で出発地に帰された。

だが、なぜアフリカを経由しようとしたのかがわからない。日本人があまり使わないルートなので、職員が日本人慣れしていなくてバレるリスクが少ないと思ったのだろうか。

入管から偽造パスポートの現物をいくつか譲り受け、そのコピーを警察庁に送り、事件を報告した。その後警察が捜査したところ、パスポートは空き巣で盗まれたり、ひったくりで盗まれたりしたものだと判明した。どれも被害届が出ていた。

捜査を進めて行くと、中国人をリーダーとする、パスポートの偽造グループの存在を突き止めた。大阪に彼らの拠点があり、２００９年に摘発した。

偽造グループは、盗まれたパスポートを1冊10万円で買っていた。

中国人は親戚などからお金を集め、偽造グループから50万円で日本のパスポートを購入していた。アメリカで成功したら、お金を親戚に返済するつもりだったのだろう。

今の主流は偽造マイナンバーカード

当時のパスポートはＩＣチップを使っていなかったので、容易に偽造ができた。パスポートの顔写真の部分だけ、使用する中国人の顔と入れ替える。パスポートに記載されている生年月日から年齢は30代のはずなのに、本人はどう見ても50代というケースもあった。これでは偽造パスポートだと簡単にバレる。

だから今は偽造パスポートは使わず、コンテナに入れたり、通関を通らないように密航させ、現地で予め住む場所や仕事を用意し、偽造した戸籍や身分証を渡す、というやり方に変わった。

そうしたマフィアの密航ビジネスがからんでいるのではないかと思われる、事件が報道された。

三重県警松阪署などは24年7月、電磁的公正証書原本不実記録・同供用（偽装結婚）の疑いで、45歳の男と中国国籍の34歳の女を逮捕した。

同署によると、2人は婚姻の意思がないにもかかわらず、女に日本人配偶者等の残留資格を得させるため、23年1月4日に松阪市役所で虚偽の婚姻届を提出して、受理させた疑いがあるという。

24年3月に同署管内で摘発した日本人と中国国籍の女との別の偽装結婚を調べているな

かで発覚した。

また、7月20日には、警視庁は偽造したマイナンバーカードを提示し、オンラインショップで購入した商品をだまし取った中国人の若者2人を逮捕した事件だ。

容疑者らは24年3月、埼玉県上尾市内の郵便局で偽造したマイナンバーカードを局員に示して他人になりすまし、郵便局留めにした商品を受け取ったとして、詐欺と偽造有印公文書行使の疑いが持たれている。

2人は不正に入手した他人のクレジットカード情報を使ってオンラインショップで商品を購入。容疑者がカタコトの日本語を話したことから、郵便局員が不審に思い、警察に通報した。内偵捜査したところ中国人とわかり逮捕に至った。

このように、中国人の間ではマイナンバーカードの偽造が組織的に行われ、すでに大量に出回っている。

通常の犯罪組織では考えられないほど大規模

23年12月には、警視庁が初めて偽造マイナンバーカードの工場を摘発し、中国籍の26歳の女が逮捕された。押収されたパソコンには、約３０００枚分の偽造カード用データが残されていたほか、自宅からは偽のカードの台紙７５０枚も見つかった。本物そっくりで、ＩＣチップのようなものも埋め込まれていた。ＳＮＳでは1万～2万円で流通しているという。24年5月にはさらに中国籍の２人を有印公文書偽造容疑などで逮捕した。

その仕組みはこうだ。まず、「指示役（ボス）」の中国人がいて、日本ではなく中国から、今回逮捕されたような日本に滞在する「偽造役」たちに指示を送る。偽造役はウィーチャットで「ボス」に連絡し偽造法の説明を受けると、作業用のパソコンとプリンターが自宅に届き、個人情報がメールで送られてくる。

作業は簡単で、偽のＩＣチップが埋め込まれた白いカードの表裏に個人情報のデータを印刷するだけ。多いときには1日約60枚のカードを偽造して指定された国内の住所に郵送したという。日当は約1万２０００～1万６０００円相当の電子マネーだった。

このように近年の偽造犯罪は、非常に規模が大きいのが特徴だ。

23年11月に起きた、豊島区の「池袋パスポートセンター」から偽造パスポート用の個人情報を、窓口業務を受託していた中国人の女が持ち出した事件では、申請者本人や家族など個人情報の数は1920人分もあった。

このように大規模な偽造は通常の犯罪グループではできない。技術的に偽造の難易度はあがっているので、背後に中国当局が容認したマフィア、あるいは情報機関がいる可能性もある。

中国の情報機関とマフィアの知られざる関係

マフィアの主たるしのぎである密航ビジネスでは、費用を密航前に払ってもらっているため、日本に入ってからは上前をはねたりはしない。ただ、密航者は5、6年で一山当てなければならないため、なかには犯罪に手を染める者もいる。

犯罪については、必ずしもマフィアが命令しているわけではない。むしろ密航させたことが明るみに出ないよう、あまり派手なことをしてもらっては困る立場にいるのがマフィアなのだ。かえって密航者が犯罪をやりすぎないよう、密航者と大陸で待つ家族の命を楯に脅す。

同時に、マフィアにとって一番困るのは、密航者が日本に行っても稼げなかったり、稼げないという噂が中国本国に立つことだ。だから密航者の働き口や身分証を用意しても、犯罪を唆すようなことは基本しない。

地方の農村部で強盗に入ったり、都会の宝石店等を襲う中国人は、多くはマフィアの一員ではないと考えていいだろう。日本の警察から組織性に着目されれば活動がしにくくなるからだ。

先に述べたように、スパイマスターが大使館にばかりいて外に出ることが少ないように、中国人マフィアも現場をうろうろすることはない。仮に足がついたとしても自分たちが摘発されないように直接手を汚すことはない。

逆にいえば巧妙なのである。現に、中国人の犯罪が起こっても、「突き上げ捜査で上海マフィアのボスの１人が摘発された」という話は聞かない。

マフィアのトップというのは大陸では起業家としての顔を持つ。つまり、表のビジネスと、裏のマフィアという二重の収益金があり、リッチである。マフィアのボスが摘発されるのは、中国国内で市役所の助役や省の幹部に賄賂を贈ったことが発覚したときだ。

中国の情報機関にとってマフィアは、協力関係ではなく、自分たちの利害を犯さない限りは泳がせておく存在。必要が生じた際には協力者として利用するといった、つかず離れずの関係だ。

一方、マフィアも共産党や軍に歯向かうようなバカな真似はしない。中国のような一党独裁国家が本気でマフィアを潰そうとすればいつでもできる。全国民に中国製のコロナワクチンの接種を強制できるような全体主義体制下であれば、マフィアを潰すことなどわけはないのに、偽札や偽造パスポートをつくることを見逃していた。

「打黒」運動で権力闘争の犠牲となったマフィア

実際、中国では2007年11月から2012年3月まで重慶市のナンバー1であった薄熙来が、「打黒」運動を展開したことがあった。

「打黒」とは、「マフィア狩り」を意味し、マフィア一掃キャンペーンだ。

前述の野口東秀氏『中国　真の権力エリート――軍、諜報・治安機関』によると薄には目的が3つあったという。

第一に最高指導部入りするための実績。第二に、公安による腐敗捜査で重慶、四川省でトップを歴任し最高指導部入りした常務委員の「過去」を調べること。そして第三、これがもっとも重要なことであるが、「打黒」を「金脈」に変えること。すなわち、「犯罪組織撲滅」は名目にすぎない。

薄は今回の打黒以前にも、権勢をふるった遼寧省で、莫大な財産を築いた黒社会の劉涌を死刑にしたことがあった。その劉の財産の行方は不明ということにされている。加えて、３００億元の個人資産を持ったといわれた民間企業家がアメリカに亡命したが、その企業資産も行方不明だという。

一方、薄の周囲には、銀行や保険、不動産、リゾート、建材、家電、商業施設などの事業を抱える大連実徳集団がいた。２０１１年の売り上げは１２１億元、集団トップは徐明。だが２０１１年からの党中央による金融引き締め政策は徐明を苦しめた。それに対して薄が温家宝の政策を真っ向から批判、結果、温の怒りを買ったことが背景にあるとみられる。要するに権力闘争なのである。

薄は重慶での「打黒」で司法局局長の文強を死刑にし、文の賄賂は1211万元と公表した。マフィアのみならず民間企業を軒並み摘発、1万人弱といわれる摘発では多くの冤《えん》罪《ざい》と恨みを生んだ。マフィアと関係があると密告があっただけで司法手続きなしで逮捕、拷問まがいの暴力を加えられた者も多い。摘発された民間企業の資産をはぎ取り、その額は数百億元と噂されたという。

習近平党総書記の「反腐敗運動」は、この薄のやり方を踏襲したと言われている。習近平の反腐敗キャンペーンが実際に始まってみると、不正行為の撲滅などではなく、権力闘争の一環であった。そもそも習近平は、薄の拘束に一役買っていた。

続いて、中央政治局常務委員会で薄の仲間だった周永康を投獄すると、矛先を変え、もう1つの派閥である共産主義青年団派（団派）の壊滅に狙いを定めた。

上野の宝島事件のなぞ

上野「宝島事件」というのが起こった。これは2024年4月、栃木県那須町で、東京上野で飲食店を多数経営する宝島龍太郎さんと妻・幸子さんの河原で焼かれた遺体が見つかった事件だ。私は当初、中国マフィアがからんだのではないかと推測した。その見立ては必ずしも正解ではなさそうだが、私は次のように考えた。

中国からの密航者は、日本に来るために、親戚などからカネを借りまくっている以上、一山当てる必要がある。そのような密航者の働き口は、前述のように中華レストランなどの飲食店が多い。

というのも、ビルやマンションの建設現場のような、次々と働く場所が変わるような仕事は、移動が多いため、住民から通報されたり、警察官に職務質問されたりする機会が増えるからだ。

偽造マイナンバーで逮捕された2人の中国人の若者は、日本語がカタコトだったことから発覚した。日本に密航してきた中国人が中華レストランに勤めるのは、身を隠す意味合いもある。

厨房で働いている限りは職質されることもないし、店の2階に住んでいれば通勤も必要ない。風俗店であれば警察の手入れもあるが、まじめな中華レストランにはそれもない。だから意外にまじめに経営している店に密航者は多い。

これはあまり外に出ていない話だが、宝島さんが殺された理由は、中華レストランの多い上野地区で、急激に飲食店を増やしていたからではないか、というのが私の信頼できる筋の見立てだった。要するに中国マフィアの斡旋《あっせん》先である店が、宝島さんの店が繁盛すると潰れてしまうわけだ。

中国マフィアは原則として周囲と共存し、争いを避ける傾向にある。しかし自分たちのビジネスを邪魔する者に対しては、相手が暴力団であろうと容赦なく襲撃する。

以前歌舞伎町にマフィアが跋扈《ばっこ》していたころには、時折、正体不明な中国人の遺体が上がったりすると、マフィア同士の抗争があったのではないかと疑ったものだが、近年はそれも少なくなった。

日本のヤクザのようななわばりとしての「シマ」の感覚は薄く、彼らの行動原理はあくまでビジネス単位。自分たちのビジネスの邪魔さえしなければいい。反対にシマの感覚がないため、日本のヤクザとはよくぶつかる。

たとえば広東マフィアが四谷で中華レストランや日本人から買い取ったパブを開いた場合、上海マフィアがそれを問題にすることはないが、四谷にシマを持つ日本のヤクザからすれば、「みかじめ料を払え」となる。それが抗争の種となるのだ。

実際、２００２年に歌舞伎町の喫茶店で住吉会系の幹部が中国マフィアのメンバーに拳銃で襲撃された「パリジェンヌ事件」、２０１４年に赤羽で起きた山口組系組員と中国マフィアのメンバーの乱闘事件など、多くの抗争が発生した。

宝島さんは店員に客引きをさせたことで近隣店舗とのトラブルが続出し、「敵」も多かったという。だから宝島夫妻の遺体の後始末にしても、わざと朝方に河原でガソリンをかけて焼くような杜撰《ずさん》で乱暴なことをした。

通常、人里離れたところに遺体を隠す場合、「土に埋める」か「水に沈める」のが常套手段だ。意図的に掘り起こしたり、地表の土砂が運搬されたり、すくい上げたりしない限り、見つかる可能性が低いからである。

しかし今回は2人の遺体は十字のように重ね、頭にかぶせられた黄色の袋の上から粘着テープが雑にまかれ、足は結束バンドで拘束された状態で、わざわざガソリンをかけて燃やしている。燃やすことで、臭いや煙が発生し、非常に目立つ。犯行を隠したい人間の行動とはとうてい思えない。

遺体を焼いたのは明らかに素人だが、「中国マフィアに逆らうとこうなるぞ」という「見せしめ」だと考えれば、それも成立する。そして実行犯をトカゲの尻尾きりにし、上は絶対に捕まらないようにする。

もっとも、警察の捜査により、犯人は宝島さんの娘と、内縁の夫を首謀者に7人が起訴された。公にはこの見立ては間違っていることになるが、中国マフィアの密航ビジネスにそのような構図があることは確かなことである。

日本のヤクザも加担した大規模な中国マフィアの密漁組織

反対に、日本のヤクザと中国マフィアが手を結んでいた事例もある。

アフリカの某国に赴任していたときのことである。現地の海岸で、背ビレや尾ビレのないサメが何匹も打ち上げられた。ビクビクと震える、まだ生きているサメもいた。

アフリカ人にはサメを食べる習慣がないし、誰がこんな殺し方をするのか住民は困惑していた。住人が警察へ通報し、警察が捜査員を動員して沿岸を監視したところ、アフリカ人がサメを密漁している現場を取り押さえたのである。

密猟者を事情聴取すると、中国の上海系マフィアから雇われたと自白したそうだ。密猟者は、捕獲したサメのヒレだけ取って海に投げ捨てていた。つまり彼らはフカヒレの密漁をしていたわけだ。

その国には上海系マフィアのアジトがあったので、警察はすぐにガサ入れし、中国人を逮捕。そして、パソコンや資料を押収したそうだ。

私へ連絡が入ったのはその後のことだ。押収したパソコンや資料には、日本語のような文字が記されているが、判読できないので見てくれないかと依頼された。

すると、押収した資料のなかから、日本の某広域暴力団の紋章入り名刺等が出てきた。その広域暴力団のフロント企業の資料もあった。

さらに現地警察は、上海系マフィアの通話記録も入手していた。

そのなかに、アフリカから東京への通話記録があった。捜査を進めて行くと、フカヒレの密漁に関わっていたのは、上海系マフィアの他に広東系マフィア、香港系マフィア、それに日本の暴力団で、かなり大規模な密漁組織だったことが判明した。

フカヒレは香港へ密輸され、フカヒレスープになっていた。香港には、広域暴力団のフロント企業もあった。

フカヒレは1キロあたり約15万円で取引されていた。1トン近く収穫すれば、軽く1億円を超える。

日本の暴力団と中国のマフィアが密漁で協力関係にあったことには驚いた。

実は、日本の暴力団は国内でのシノギが減ってきたため、2006年ごろから密漁に手を出すようになった。フカヒレだけではない。アワビ、ウナギ、ウニ、サケ、ナマコなど、高級魚を狙っていた。アフリカだけでなく、日本近海やアメリカ沿岸でも密漁をしている。今や密漁は暴力団の巨大な資金源になっているのだ。

現地警察と日本の警察のその後の捜査で暴力団員を含む数名が逮捕された。

石原都知事の歌舞伎町浄化作戦でマフィアが全国に移動

以前の歌舞伎町は、「外国マフィアのデパート」といった様相で、中国マフィアだけでなく、台湾、北朝鮮、ロシア、あるいはコロンビアなど中南米系のマフィアに加え、日本のヤクザもしのぎを削って、有象無象が微妙なバランスの上に成り立つ地域だった。日本の警察も犯罪が起きれば当然動いたが、住み分けは不明で、秩序はなく混沌《こんとん》としていて予防できるレベルではとうていなかった。ときどき台湾人やコロンビア人の遺体が上がったこともあった。

２００３年、「首都の治安強化」を掲げた石原慎太郎知事は急速に新宿・歌舞伎町の浄化作戦を展開。２００５年4月からは「東京都迷惑条例」が強化され、全国で初めて、店への呼び込みを一切禁止した（50万円以下の罰金）。

これは全国へも波及し、同年5月からの改正風営法で同様の禁止事項が盛り込まれた（１００万円以下の罰金）。

同様に石原都知事は、ビデオカメラ設置、不法滞在・資格外活動の外国人逮捕・強制送還、違法カジノ店、わいせつビデオ店、性風俗店の摘発を進め、その結果、マフィアは歌舞伎町から去ることになった。

中国マフィアは主に池袋や上野、あるいは横浜のような地方都市に拠点を移動した。逆にいうと歌舞伎町にまとまっていたマフィアが全国に散らばったわけだ。

石原知事の歌舞伎町浄化作戦が本気だったのは、1人でも多くの警官を現場に出すために、警視庁管内の警察署ほぼすべてに都庁の職員を派遣し、事務職を肩代わりしたことからもわかる。歌舞伎町に警察官を街頭配置し、浄化作戦を行ったのである。

日本の中国スパイの惨状を参考にするオーストラリアの情報機関

しかしその結果、池袋を見ればわかるとおり、中国人に侵食されている。北口には大きな中華街があり、日本の警察の目が届かないほどの地域と化している。

また、マンションも中国人に爆買いされている。中国の富裕層は、ウォーターフロントのタワマンだけでなく、麻布台ヒルズなど麻布地区の高級マンションに住み、子どもをインターナショナル・スクールに通わせることがブームとなっているのだ。

統計が出るのは1〜2年遅れるため、数字にはまだ表れていないが、コロナ後の1年で急激に中国人が増えているため、問題化するのは文字どおり時間の問題である。

もちろん、日本でビジネスをやっている中国人のうち、党ともマフィアとも関係なく仕事をしている経営者は決して少なくない。

特に二世、三世といった人たちは国籍こそ中国人でも、生まれも育ちも日本だから、日本での商売で党やマフィアとは関わりたくないと思っている人が大半だ。

一方党やマフィアは、日本での拠点や情報を得るうえで彼らを大いに利用したい。常にリクルートの対象とし、アメとムチで籠絡する。

本国との関係を切りたいというのは朝鮮人の二世、三世も同じ。父や祖父の祖国だとしても北朝鮮など行ったこともないし、あのような貧しい国にわざわざ行きたいとも思わない。ましてや送金などしたくない。そういう人がたくさんいる。

余談になるが、オーストラリアの情報機関は日本に好意的だ。彼らから見ると、中国と朝鮮半島に近い日本は、中国系や韓国系も数多く暮らし、いろいろな分野で中朝系に食い込まれている先例として参考にしているのだ。

近年、中国との緊張関係が高まり、中国がらみのスパイ事件も起きているオーストラリアにとって他人ごとではないからだ。その点、対照的なのはカナダだ。カナダの情報機関は日本から完全に撤収した。

オーストラリアの情報機関員が日本での中国や北朝鮮のスパイの動向に関心を持っているのを端的にいえば、日本のようになってはいけないと戒めているからだろう。

第5章

「再エネ」推進という中国の罠にかかる政治家

中国企業が日本の再エネ事業に食い込む理由

中国の情報機関、党、軍、公安のうち、共産党系が中心となってオペレーションしているのが、日本の再生可能エネルギー業界だ。中国の情報機関が再エネに関わる理由にはいくつかの視点がある。

第一に、日本のエネルギー産業に食い込む。言うまでもなく、エネルギーは国家の基幹産業であり、ここを握るということは、日本の生命線の1つを抑えるに等しい。

もちろん、中国企業があからさまに入ってくると警戒されるので、日本人に帰化した中国人を経営者にしたり、表向き日本企業だが、中国の資本が30％も入っていたりと、手を変え品を変え、業界のシェアを拡大している実態がある。

第二に、太陽光パネルが典型例だが、大規模太陽光発電（メガソーラー）や洋上風力を設置することにより、土地の占有ができる。

たとえば青森県を例にとると、航空自衛隊唯一の日米共同使用航空作戦基地である三沢基地があるし、本州最北端の陸上自衛隊の駐屯地である青森駐屯地もある。また、宗谷海峡や津軽海峡は、中国軍艦艇も頻繁に通過する重要な海峡である。

そのような軍事的に枢要である土地の周辺に、メガソーラーや洋上風力を隠れ蓑《みの》に通信施設を設けることができれば、基地の通信傍受が可能となる。また、洋上風力を設置した海域の風力や海流などの海洋の情報を得ることができる。

むろん、これは青森に限った話ではない。長崎の洋上風力など、全国の土地が太陽光パネルや洋上風力を通じて中国に占有されれば、防衛上としてもよろしくない。

この土地を狙う、という戦略も中国が再エネ事業へ参入する大きな理由になっている。

「地上権」という抜け穴

土地使用には地上権がある。「地上権」とは、地権者から借りた土地を、自由に使用し所有できる権利で、再エネの事業者は、たとえば30年間契約したとしたら、契約期間中なら、その土地にメガソーラーや風力発電を建てることができる。しかも、地上権は地権者に断りなく売却・譲渡することが可能となるのだ。

さらに問題なのは、登記上必要な名前は土地の所有者のみで、地上権の借主は載せる必要がない。そのため、地権者が日本人であっても、実際に太陽光パネルを設置しているのは中国人である、というような抜け穴を与えてしまっているのだ。

したがって、所有権を取得したケースでしか、登記上の名義には反映されない。その土地に関わっているのが日本人ではない、と判別するのは難しい。当然、土地を所有している日本人が、中国人に地上権を与えるのも違法ではない。

むしろ、地権者からすれば、放っておくよりは地上権を売るほうがいいに決まっている。その土地の目の前が基地の場合、中国人に地上権を売ることに、ためらいを持つことがあるかもしれないが、現在の通信技術であれば基地から50キロ離れていても傍受できるので、土地がある程度基地から離れていても問題はなく、地権者が警戒心を抱くことさえないだろう。

以前は基地から10キロ圏内を警戒していればよかったが、技術が進歩して50キロまで範囲が拡大していることも日本の危機を高めている。

つまり、中国にとって日本の再エネ事業というのは、それ自体日本政府がバックアップし、推進しようとしているうまみのある事業なのだ。

かつ、たとえば太陽光パネルでシェアを広げ寡占状態を生み出せば、主導権が握れ、メンテナンスや部品を調達するにしても中国企業の意向に沿わすことができる。

それだけでなく、個人情報を入手でき、日本のエネルギー政策の首根っこを押さえることもでき、さらには基地周辺の土地を利用することにより通信を傍受する、という、二重三重に意義のある事業だということだ。

しかし、用意周到な中国はそれが露見しないよう浸透しているのである。まさに「invisibleinvasion（インビジブル・インベージョン〔目に見えない侵略〕）」。

中国企業の巧妙さは、私の知る限り、他のアジア諸国やアフリカ諸国にはない。資本提携する際にもっとあからさまだ。

産経新聞の記者、宮本雅史氏のレポート

産経新聞の記者である宮本雅史氏が、日本政府が進める太陽光や風力を利用した再生可能エネルギー事業に、「上海電力日本」を中心とした中国資本が精力的に参入している実態を、入念な取材・調査のもと暴こうとしている。

宮本氏の一連のレポート（「国境がなくなる日」「国境が消える」シリーズ）は、私が懸念する中国企業および中国人スパイの浸透を裏付けるものなので、少し長くなるが一部要約したものを紹介したい。

「上海電力日本」は、中国政府直属の特設機関「国有資産監督管理委員会」が監督管理する「国家電力投資集団」の傘下にある「上海電力股份有限公司」の１００％子会社だ。

２０１３年９月に設立された同社は、設立2年後の15年7月に経団連に加盟。その年の『月刊経団連』（12月号）で、「大阪市南港咲洲メガソーラー発電所」が稼働していると紹介、そのうえで、福島県西郷《にしごう》村や栃木県那須烏山市、茨城県つくば市、兵庫県三田市など

日本国内18カ所で太陽光発電事業を展開しつつある——と意気込みを見せていた、という。

先に述べた青森県の中国企業の浸透状況は、宮本氏によると、24年1月31日現在、同県内で認定された太陽光発電や風力発電の事業計画６５１８件のうち、中国人や同国系資本が関係するものは、少なくとも２９０件余りある。青森市や三沢市など6市13町４村にまたがり、なかには1社で１３３件の事業を認定された企業もあるようだ。

当然、そこには上海電力日本も食い込んでいる。同社が代表社員を務める「東北町発電所合同会社」が太陽光発電事業の準備を進めている一帯は、航空自衛隊東北町分屯基地から約10キロの地域だ。

同じく代表社員を務める「合同会社ＳＭＷ東北」も海自大湊地方総監部に近いむつ市城ケ沢と、海自樺山送信所に近い同市関根、竜飛崎近くの津軽海峡に面する外ケ浜町の３カ所で風力発電事業の認可を取得した。さらに上海電力日本との関係が指摘されている会社も、外ケ浜町など3カ所で風力発電事業の認定を受けているという。

また、宮城県では、仙台空港周辺で、中国系資本が関係しているとみられる企業が複数看板を掲げているほか、航空自衛隊松島基地を擁する東松島市でも、中国系企業がビジネスを展開していると指摘する。

中国人や同国系資本が関係しているとみられる事業の認定数は、少なくとも93件あったと宮本氏はみる。仙台市や石巻市、涌谷町など10市8町1村にまたがり、国道4号と東北自動車道を取り囲むように広がっているという。

宮本氏のレポートを読むと、中国企業が合同会社などの特定目的会社（SPC）や、地上権を悪用し、いかに用意周到で、法の抜け穴を突き、全体像が見えにくいように、カモフラージュしているかがわかる（詳しくは、ぜひ宮本氏の原文にあたっていただきたい）。

物流ビジネスを全国展開する中国系資本のある会社の責任者は、宮本氏の質問にこう答えたという。

「中国系とみられ、入札に参加できなかったり警戒されたりすることはあったが、日本法人だとアピールして託児所やカフェなどを設置し、地域住民と一体化した街づくりを目指してきたので評価が変わってきた」

同社は今後もあらゆるネットワークを使って拡張する方針だという。中国企業から日本を守るのが一筋縄ではいかないことが、わかるだろう。

問題噴出の再エネを推進する小池知事

だが、私の感触では、残念ながら政治家でさえこの危機に気づいている人は多くない。自民党の高市早苗議員はこの状況を把握しておられ、情報も集まっていると推察するが、数少ない例外だと思ったほうがいい。

それどころか、小池百合子都知事や河野太郎議員、柴山昌彦議員など、声の大きい政治家が積極的に再エネを進めている始末だ。

たとえば東京都は、新築住宅への太陽光パネルの設置を義務化するための条例を、全国で初めて成立させた。

だが、太陽光パネルの問題が各地で多発し、浮き彫りになっている。

まずは自然災害の問題だ。

２０２１年7月、災害関連死1名を含む28名が死亡した「熱海市伊豆山土石流災害」は、土石流を起こした原因の1つにメガソーラーがあるのではないかとの説が流れた。また、24年に入り、各地で太陽光パネルが原因の山火事などが発生している。太陽光パネルを設置することにより、自然を破壊するだけでなく、災害の原因にもなっている。しかもいざ災害が起きたときに、パネルの消火・感電対策をどうするのかも決まっていない。

さらに、パネルの寿命は20年程度であるが、発電事業者の資金力が不十分な場合や、太陽光発電事業者が廃業してしまった場合には、燃やせない太陽光パネルがそのまま放置されることとなる。政府は発電事業者に廃棄のための費用を積み立てるよう義務化しているが、守られる見込みはない。

つまり、鉛、セレン、カドミウムといった有害物質を含む大量のゴミが、日本中に不法投棄される、ことが予想される。

日本の太陽光パネルのシェア9割が中国製だが、強制労働を強いられている新疆ウイグル自治区でつくられたものが含まれている。アメリカはすでにジェノサイド製品の輸入を禁止する法律を施行しているが、日本ではいまだ法整備がされていない。事実上、ウイグル人へのジェノサイドに加担していることになる。

そもそも、再エネは風力も含めて、自然任せで供給量が安定しないという根本的な問題を抱えている。風力発電も、風車そのものを中国企業や中国製品に頼っているのは太陽光パネルと同じ状況だ。

それにもかかわらず、都は再エネ発電所などに投融資するファンドの第1号案件として、北海道豊富町で2024年3月に運転を開始した風力発電事業に投資した。しかも前述の条例の施行は25年4月に迫っているのだ。

風力発電事業者との癒着で逮捕された秋本真利議員

また、衆議院議員の河野太郎氏が右腕と可愛がり、「自分以上に脱原発で、再エネ推進に積極的だ」と評していた元衆議院議員の秋本真利氏が、23年9月、洋上風力発電をめぐる受託収賄などの罪で起訴されたことは、要注目である。

秋本氏は2017年11月から自民党の「再生可能エネルギー普及拡大議員連盟」の事務局長を務めていた。同氏は洋上風力発電事業への参入を目指す日本風力開発の元社長から、会社が有利になるような国会質問をするよう依頼を受けた見返りに、借り入れや資金提供など、7200万円余りの賄賂を受けたとして、受託収賄などの罪に問われた。

日本風力開発は青森県の陸奥湾や秋田県沖の海域などへの参入を目指していた。秋本被告は2019年以降、元社長から日本風力開発が有利になるような国会質問をするよう、複数回にわたって依頼を受けていた疑いがある。

同年2月の国会質問では、防衛関連施設への影響を理由に、過度な規制をかけないよう求めていた。

また、日本風力開発が秋田県沖の事業の受注に失敗したあとの22年2月の国会質問では、入札の評価基準を見直すよう繰り返し求めたのである。

「ニュービジネス」に群がる有象無象

これは私の公安警察の経験からいうのであるが、再エネに限らず「ニュービジネス」といわれ、新たに立ち上げられた産業は、マネーを求めて有象無象の輩が集まる傾向がある。

もちろん「まともな業者」もなくはないが、調査をすると、経営者に詐欺や恐喝、なかには当たり屋などの犯罪歴のある人間がいることも珍しくない。ヤクザや反社も入り込んでいる。

暗号資産もそうだったように非常に投機的なのだ。「億り人」ともてはやされ、ドバイやフィリピンに住んでいた人たちが話題を呼んだが、その素性はうまくごまかされている。

事実、太陽光発電投資をめぐっては、近年、いくつもの刑事事件が起こっている。２０２１年5月には、テクノシステムの生田尚之被告が東京地検特捜部に逮捕され、共犯者の一部は有罪判決が言い渡された。22年2月には、太陽光発電事業の疑惑により大樹総研に特捜部が捜索に入った。

夫が太陽光事業をめぐり、４億２０００万円着服の疑いで業務上横領罪に問われた三浦瑠麗氏も、自身のツイッター（現X）で次のようにつぶやいている。

「日本国内で再生可能エネルギーというものが、例えば、開発が非常に難しい状況、あるいは、かつてのかなり高いＦＩＴ価格（政府の固定価格買取制度）というものが非常に土地取引に投機性を与えてしまって、なかなか再生可能エネルギー、例えばメガソーラーなどがつくられないまま、土地ばかりが転売されるというふうな状況が多々ございました」

また、２０１９年3月30日のツイートには、「太陽光発電にはダメな業者がたくさんいる。それは事実であり取り締まっていくべきです」と記していた。

過去のニュービジネスには、詐欺まがいの商売で一山当てた連中や、失敗した人間が起死回生を図ろうと群がってくる。そうした輩は、相手がたとえ日本を乗っ取ろうとする国であろうが、儲かりさえすればいい。だから結託する。まるで、焼け野原になった土地を乗っ取ったかのような「早い者勝ち」の世界。

本来、新しい産業を立ち上げる際には、まずは戦いの舞台、つまりリングをつくり、ルールをつくってから業者を選定すべきである。

しかし実際には、有象無象の輩が集まった後で、急いでルールやリングをつくるため、おかしくなる。「ニュービジネス」や「フロンティア」といえば、聞こえはいいが、実態は杜撰なものだ。

そして、ルールの整備は必須なはずなのに、興味深いことに前述の秋本氏はそのことにも反対していた。

19年2月の衆院予算委の分科会において、施行が迫っていた「再エネ海域利用法」について質問した秋本氏は、早くから地元に入って利害関係者と交渉し、多額の資金を投じて関係を築き上げてきた業者と、新法ができてから動き出した業者を同列に扱うのは不公平だと指摘した。

「一定程度の努力を払ってきた先行事業者というのは、法律よりも先を行っていたわけですから、この事業者に対しては、一定程度の何かしらの配慮があってもいいんではないか」

中国の諜報機関はニュービジネスに人員を送り込み、あるいは関係者をリクルートして情報を求めることは常套手段。中国マフィアの動向があっても共産党の権益を犯さない限りは、中国マフィアの存在を黙認しているのはすでに述べた。連携とまではいかないものの、ある程度マフィアを泳がせる。

頭のいい彼らは有象無象の輩は騙《だま》せても、一部の政治家やジャーナリストの目を恐れて、帰化人を経営者にしたり、間に日本企業をかませたりする。非常に巧みなやり口だ。

再エネ業者のバックグラウンドは大丈夫か

ここでただちに日本政府がすべきことは、再エネ事業の企業の実態の調査と、地上権所有者の国籍調査である。調査は私の本業に関わる仕事で、守秘義務があるため詳しくは説明できないが、「そのような調査をすることは、十分に可能である」と断言できる。

再生可能エネルギーに関する内閣府の会議で共有された資料に、中国の国営企業「中国電網公司」のロゴが入っていたことが問題視されていた。この問題を通して、日本のエネルギー政策に中国の影響力が及んでいたことが明るみに出たわけで、むしろ私は朗報であると考えている。

本資料を提出したのは、公益財団法人「自然エネルギー財団」の大林ミカ事業局長。彼女は、「財団と中国企業・政府の金銭的、資本的、人的関係はない」と中国からの影響を否定。また、大林氏をタスクフォースのメンバーとして推薦した河野太郎大臣も、事務的なミスが生じたと謝罪した。

しかし問題は中国企業のロゴが掲示されるような資料が用いられたことにあり、事務的なミスということは、問題のすり替えでしかない。

それにしても、ここまで中国に入り込まれていたとは、あきれるばかりだ。

今回の「ロゴ問題」が、本当に中国の影響力の下に発生した事案なのかは定かではない。しかし、こうまで大きな騒ぎになってしまった以上、公安としては動かざるをえないだろう。

具体的には、大林氏や自然エネルギー財団のバックグラウンド・チェックをしているだろう。内調か警察庁が動いたはずだ。

大林氏が中国のスパイだったかどうか定かではない。しかし、情報が中国側に盗まれたり、中国側に有利な情報が政治の意思決定の場に持ち込まれることを、現行の法律で防ぐことはできない状態に日本はある。

いたずらに人種差別にならないよう注意すべきだが、エネルギーのように安全保障上も死活的に重要である産業は、純国産であることが原則であろう。

現に中国がそうだ。日本企業はエネルギー産業に参入することはもちろんのこと、土地を購入することさえ禁止されている。

そもそも外交は「相互主義」といって、相手国の自国に対する待遇と同様の待遇を相手国に対して付与しようとするのが正常な国家関係だ。しかるに中国は互恵主義を完全に無視し、一方的で跛行《はこう》的である。

中国が禁止するのであれば日本も同様の措置をとるのが外交だ。経済安全保障の名のもとに、監視カメラは中国製が排除されるようになった。同じことが再エネ産業でもできるはずだし、すべきだ。

セキュリティ・クリアランスに国籍条項を設けろ

具体的には「セキュリティ・クリアランス」法案のなかに国籍の条項を設ければいい。現に自衛官や警察官は日本国籍の人でないとなれない。同じように、国の政策立案や生活インフラなどに関わる重要な情報を扱える人の国籍に制限を設けるというのも、有効な手段になりうる。

もちろん、日本国籍の人でも反体制組織に所属していたり、弱みを握られていたりして他国の諜報活動に加担してる人もいる。国籍を制限するだけで完全に他国からの影響を排除できるわけではないことは言うまでもない。

しかし、制限を設けることで他国から直接送られてくるスパイの影響を事前に防ぐことはできる。したがって、国籍でスクリーニングをかけた後に、さらにその人の経歴を綿密に調べて、ポジションや権限を与えていくという仕組みが望ましい。

国の根幹や治安維持に関わる重要なポストや情報にアクセスできる権利は、制限されて然るべきだ。これはどこの国でもやっている常識であり、スパイを取り締まってきた元公安という立場からは、懸念点について国会で議論を尽くしたうえで、スパイ行為を未然に防ぐことができる内容と運用の仕組みを備えた法律が制定されることを期待している。

現在の法律では、今回のような介入の可能性を防ぐ法的な制約はゼロであるということを強調しておく。

再エネはエネルギー小国の日本にとっては重要なインフラだ。石油や天然ガスの外国依存度の高さが危惧《きぐ》されるのに、政府が熱心に推進する再エネの主導権を中国に握られていいはずがない。

安全保障上重要な土地の利用などを調査、規制する「重要土地利用規制法」が22年9月に全面施行された。だが、これにも抜け穴はある。

やはり、一刻も早く、国籍条項を入れたセキュリティ・クリアランス法を制定すべきだ。

中国に主導権を握られた状況を許すくらいであるなら、いっそのこと、再エネ推進を見直すなり中止したほうが、安全保障上いいといわざるをえない。

その点、日本の原子力発電は９割以上が国産だ（エネルギー白書）。原子力発電所の建設は、建設業者から機器メーカー、メンテナンス企業まで、さまざまな業種が関係し、なかでも原子炉や周辺機器をつくる技術は、ものづくり産業の一大分野を形成。サプライチェーンを形成する関連企業には、原子力分野でのものづくりに欠かせない特殊な技術や、知識を持つ技術者が数多く存在するが、日本は、そのサプライチェーンを国内メーカーだけで網羅している数少ない国の１つだという。

ウランと水があれば発電ができ、９割が国産の原子力のほうが、安全保障という観点からは再エネよりもはるかに優位性がある。しかし、再エネを推進する議員は、たいてい脱原発派だ。勘ぐりすぎているであろうか。

第6章

中国に操られる政治家・タレント・ジャーナリスト

芸能界に絶えないスパイの噂

ＣＩＡの機関員と情報交換をしていた当時、「あの有名人は実はスパイなのでは？」と思うときがあった。ＣＩＡ自体が日本で顔が広いタレントや、ＣＩＡが関心を持っている情報を入手しているマスコミ関係者などを、よく自らの協力者にしているので、そのあたりのことに敏感なのだろう。

中国はタレントを好待遇で扱い、帰国後あたかも「スポークスマン」のように仕立て、若い世代への印象操作を行わせているように見える。中国が好きで留学するような日本人は、本人の意志にかかわらず、利用されることが多い。

中国は卓球大国だから、日本の卓球選手にも手を伸ばしているだろう。早田ひなさんがパリオリンピック後の会見で「鹿児島の特攻資料館に行って生きていることを、そして卓球を当たり前にできることが当たり前じゃないっていうのを感じたい」と発言したところ、中国から非難が殺到し、仲のいい中国選手からXのフォローを外された。

その中国選手が忖度《そんたく》してのことか、当局からの指令があったのかは不明だが、中国にとって都合の悪い発言や行動をした人間に対しては、ムチを与える。〝中国らしい〟やり方だ。

私は何度か取り上げているが、タレントのアンミカさんがテレビで「昔、スパイと付き合っていた」と言っていた。

「付き合っていた元彼は、7カ国語をしゃべれて、見た目はアジア人。出会ってすぐにプロポーズされたが、仕事は貿易関係としか教えてくれず、偽名のクレジットカードを何枚も持っていた」

「ときどき、負傷して帰ってくる」「ホテルでは非常階段ヨコの部屋しかとらない」「部屋にナイフが隠してあった」「眠りが浅く、小さな物音でもすぐに飛びおきていた」「見た目が地味だった」

などなど。私から見ても、スパイである可能性が高いように思われる。

もっとも、ＳＮＳではたびたび韓国寄りの発言をするアンミカさん自身がスパイではないかとの記述も目にする。それはともかく、スパイが一般人に近づいて交際することもあるので、注意が必要だ。

なぜ一般人が狙われるかというと、スパイにとって、単独行動するよりも、男女のカップルでいたほうが人の目につきにくく、スパイ活動がしやすいからだ。

たとえば、ホームパーティに参加するとき、１人よりもカップルで参加したほうが、違和感がないだろう。

特に海外では夫婦そろってホームパーティに参加することも多い。外国人のスパイなら、パートナー同伴のほうが、人の集まる場所で自然に溶け込むことができる。

また、日本でスパイ活動をする場合、日本ならではのルールや作法などは日本人の交際相手にレクチャーしてもらえばいいので、何かと助かる。

これらのことから、単独行動するよりはカップルでいるほうが、何かと隠れ蓑になるので都合がいいのだ。

次節で詳説するように、過去には日本人に成りすました北朝鮮のスパイと結婚した女性が、自ら率先してスパイ顔負けのスパイになって、挙句、夫に見捨てられた、という話もある。

「結婚詐欺師とスパイは似ている」というのはアンミカさんの意見だが、本当だ。「騙しのプロ」には近寄らないほうがいい。

女性秘書に籠絡された橋本龍太郎と松下新平

自国にとって有利なことを相手国のメディアに報道してもらったり、著名人に語ってもらうというのは、諜報機関の仕事の１つだ。

スパイたちは、おおかた外交官の身分を持っているので、たとえばＣＩＡの職員も外交官の身分を持っている人なら、相手国の政治家やマスコミ関係者に会うことは、外交活動の一環でなんの問題もない。

これが政治家との面談の際に、「おまえ、女と浮気しているな」と脅して、自国に有利になるような発言を求めたり、不利になる発言を封じようとしたりした場合は、日本の法律に反する。

それとともに、「外交官は任国の法律を守らなければならない」という国際法にも反することになる。つまり二重に法を犯しているのである。

同盟国ということでＣＩＡも表向きは法を遵守している。しかし繰り返すが、合法的な外交官に対し、非合法活動に従事するのが世界の課報機関だ。

中国・ロシア・北朝鮮の課報機関は白昼堂々とは言わないまでも、バレてもかまわないというレベルで仕掛けを行っている。

中国のスパイによる代表的な政界工作をあげると、橋本龍太郎元首相が中国人女性のハニートラップに見事に掛かってしまったことがよく知られている。橋本元首相のケースでは、中華人民共和国衛生部の通訳を名乗った女性に橋本氏は籠絡された。

また、近年では21年に、自民党の松下新平参院議員が、中国人女性秘書から籠絡されていたことが、週刊誌に報じられた。

彼女は外交顧問兼外交秘書を務め、国会や議員会館に自由に立ち入りできる「通行証」まで所持していた。

彼女が松下議員に接近したのは数年前。松下議員が主催した資金集めパーティに彼女が参加したことがきっかけだ。彼女はナマコなどの海産物を扱う貿易商を営んでいた。松下議員に接近して、議員事務所を手伝うようになったのである。

松下議員は、自身の夫婦関係を危うくするほど彼女に入れ込んでいた。公用車の後部座席で、2人が仲睦まじくしているところを運転手が目撃している。

彼女をマークしたのは警視庁公安部と捜査2課だ。

彼女は中国の海外警察の役割を果たしているのではないかとみられていた。というのも、前述した秋葉原にある「海外警察」である「日本福州十邑社団聯合総会」の幹部を務めていたのが、彼女だからだ。

そこで、公安が監視することになった。捜査2課は、松下議員事務所が彼女に報酬を払っていなかったことに注目していた。週に3、4回無報酬で働いていたため、公職選挙法違反に当たる可能性があったからだ。

松下議員は2020年10月、首相官邸で開かれたパンケーキの試食会に彼女を帯同、当時の菅義偉首相に引き合わせた。

中国の海外警察は、もともと中国共産党の公安総局がつくった組織。したがって、諜報機関も兼ねている。松下議員から国の機密情報を狙っていたのだろう。

中国が日本で政界工作をする際、いきなり大臣クラスに接近することはない。松下議員のように将来大臣になる可能性のある議員に接近して親密な関係を築き、実際、大臣になったときに機密情報を本格的に入手する。つまり、中長期的に計画するのだ。そうやって、たとえば防衛大臣なら、自衛隊の潜水艦や迎撃ミサイル、日米の演習に関する機密情報を入手するのである。

ところで、松下氏の秘書は秘書を辞めたあと、新型コロナ対策の持続化給付金100万円を騙し取ったという容疑で、24年2月に書類送検されている。

親中派政治家の責任

日本と外交関係にあるすべての国に「議員連盟」がある。日本とトルコだったら日本トルコ友好議員連盟というように。政治家によってはいくつかの国の友好議員連盟に属している。したがって、「親中派」と目される二階俊博氏が日中友好議連に入っていること自体、何の問題はない。国家対国家のやりとりであり、経済的な関係もあるのだから。

しかし、その一線を越えて、日本がいうべきことをトーンダウンさせたとしたら、政治家の仕事も果たしていないし、中国が有利になるような発言をしたり法案を通すのでは、「売国奴」のそしりをまぬがれないだろう。

前述のアステラス製薬の社員が中国で拘束され、逮捕された事件はその典型だ。これまで中国当局に拘束された日本人は17人にも上り、北海道大学の教授だけが正式な逮捕になる前だったので帰国することができたが、他の15人（アステラス製薬の社員は起訴された）は全員裁判にかけられ刑務所に入れられている。

理不尽にも中国で日本人が逮捕、身柄を拘束されたときに、日本はもっと騒ぐべきだった。国際社会に中国の不法ぶりを訴えて、毅然《きぜん》とした態度で拘束された日本人の釈放を中国政府に追及すべきだった。

それなのに、やはり親中派と目される、当時の林芳正外務大臣が、アステラス製薬の社員が拘束されたと発表された13日後に中国へ交渉をしに行った際には、有効なことは何もしてこなかった。

同国から大歓迎を受け、経済協力の話にうつつを抜かし、本題である不法に拘束された日本人の解放についてはろくな抗議もせず帰ってきてしまった。言語道断であり、中国に抱き込まれているという評価以外の何物でもない。

日本国の政治家というのであれば、「拘束理由になった証拠を示せ」と中国に突きつけ、それに応じないのであれば、日本も断固とした対抗措置をとる。駐日中国大使の帰国を命じるくらいのことはすべきだ。

外務大臣もさることながら、外務省の弱腰も批判をまぬがれないだろう。そうでないとしたら、弱みを握られていると思わざるをえない。

前節で述べた中国企業が裏に見え隠れするメガソーラーや洋上風力などの再エネ推進に前のめりの政治家たち、河野太郎氏や小池百合子氏、柴山昌彦氏などはその実態を知ってか知らずか。知らないとすれば無知のそしりをまぬがれないし、知っていたとすれば「売国奴」である。

国民からしたら、他国の不法行為に対し、政治家や官僚が国民を守らなくて誰が戦うのだという話だ。

悪質なのは「隠れ親中派」

だが、二階俊博氏のような表立った親中派よりももっと質の悪い議員がいる。表向きは中国との関係を隠し、水面下で行動する。「隠れ親中派」と呼ばざるをえない議員たちで、裏で動いている分だけ悪質だ。

たとえば、2024年10月に発足した石破政権のデジタル相へ就任の平将明衆議院議員。6回の当選を果たし、原子力問題調査特別委員長などを歴任する平氏は、2023年11月に訪中をしていたのであるが、私的ではなく、税金を使っておきながら、レポートを出すことも公表することもなかった。

なぜ平議員の訪中が発覚したかというと、中国のメディアが報道したからだ。それによると経済団体のナンバー2と会談したようだが、真の目的は不明である。もちろん視察自体に問題があるのではない。そのことを公表しないのがおかしい。私のような公安関係者からすれば、買収されているようにみえる。

国会議員の靖国参拝に理解を示し（産経新聞）、核武装も国際情勢次第では検討すべきだと発言する（毎日新聞）、保守的議員がだ。中国の報道によりたまたま発覚したが、平議員がどこまで中国に食い込まれているかだ。

その平氏が、総裁選では石破陣営として、中国包囲網を築こうとする高市氏を「政策リーフレット郵送問題」などで叩く急先鋒だったことも明記しておきたい。

しかし、初入閣して早々に平氏は「《石破内閣に〝政治とカネ〟》平将明・新デジタル相に〝11億円詐欺企業〟から驚きの献金が発覚！《逮捕者3人、政治資金規正法違反の疑いを聞くと…》」と「文春砲」を浴びることになった。

24年6月に社長を含む従業員ら3名が詐欺の疑いで逮捕された企業から、平氏が代表を務める「自民党東京都第四選挙区支部」が、2011年から22年までの間、総額288万円の献金を受けていたというのだ。だが、スキャンダルはこれだけで終わらない可能性もあるだろう。

松下議員のケースも同様だが、国会議員の周辺にスパイがいると、国会答弁や法案作成を名目に各省庁の課長クラスを衆議院第一議員会館や参議院議員会館に呼び出し、説明をさせたり、資料を提出させることができるから、深刻だ。資料だけでなく、誰が誰に会ったというような人的交流の情報も与えることになる。

このような隠れ親中派は平議員だけのはずがない。

中国にさからえないメディアとジャーナリスト

メディアにしても、テレビの放送の権限がある放送局ディレクターがきちんと事実を報じようとしない。あるいは報じたとしてもソフトに処理する。

外事警察で働いていると、なぜこのような大きな問題が報道されないのか、不思議に思うことがままある。やはり、中国のスパイからアメとムチでコントロールされているのではないかと、勘繰ってしまう。

日本人の場合は、だいたいはカネで転ぶ。それからハニートラップに引っかかるのが意外と多い。テレビ局などで副局長や局長になるような人が、まだ現場の課長クラスだったときから将来性を見込み、中国スパイは手を伸ばし、まんまとひっかかっているのである。

２０２４年8月、ＮＨＫのラジオ国際放送などの中国語ニュースで、中国人男性スタッフの不適切発言が問題になった。

尖閣諸島を「中国の領土」と発言し、さらに英語で「南京大虐殺を忘れるな」など原稿にない発言をしたのだ。ＮＨＫ会長は陳謝したが、一男性スタッフだけの問題なのか疑問が残る。

有名な親中派のジャーナリストといえば、朝日新聞の本多勝一氏だ。２日間で４人しか取材せず「南京大虐殺30万人説」を宣伝し、連載記事「中国の旅」では、取材すらせず日本人に「虐殺された中国人の死体を集めて、何千人、あるいは万単位で埋めた巨大な『ヒト捨て場』」である「万人坑」をでっち上げた。

中国・江蘇省南京の「南京大虐殺記念館」では本多氏の功績が讃えられ、顔写真や著作5作が飾られているという。

大虐殺の加害者側とされた旧撫順炭坑関係者でつくる東京撫順会からの、「万人坑」はなかったという抗議に対し、本多氏は「中国の代弁をしただけ」と言ってのけた。このような嘘八百ででたらめな記者を、朝日新聞はエースとして扱ってきたのだ。

反対に、中国共産党にとって「不利益」な事実を書くジャーナリストは、拘束あるいは国内出禁を命じられる。元朝日新聞の峯村健司氏や元産経新聞の野口東秀氏は、中国特派員時代に20回程度拘束されたという。

また、新聞社のなかでは、中国のターゲットになるのは産経新聞だ。

中国総局長へのビザ発給が２０１６年９月まで3年以上凍結された。産経の駐在記者への不審な尾行や取材妨害は日常茶飯事であるという。

さらに17年3月、全人代閉幕後の李克強首相の記者会見に、産経記者が日系メディアで唯一出席を拒否されたのである。

かつての親中派議員は堂々と日本の主張をしていた

ジャーナリストの門田隆将氏の『日中友好侵略史』によると、親中派の田中角栄氏以前の自民党政治家は、中国と腹蔵なくネゴシエーションできたが、むしろ角栄氏以後にそれがなくなったという。

たとえば、終戦当時に農林大臣を務めた松村謙三氏。1959年の訪中以来、一貫して日中友好に努力、両国のパイプ役として貴重な存在であったと評されている政治家だ。

しかし58年5月に長崎で開かれた中国切手剪紙展で、中国の国旗が日本の右翼により引き下ろされた「長崎国旗事件」が起きた際に、周恩来首相が、「これは日米同盟を重視する岸信介首相の指示であることは疑いない」と非難した。それに対し松村氏は次のように堂々と反論したという。

「中ソ同盟の条約にしても、中国は本心から日本と戦うつもりで締結したものではないと思う。日米安保もこれと同じようなものである」(『日中友好侵略史』)

つまり、中ソ同盟を引き合いに出すことにより、日米同盟への疑いを解いたのだ。

また最近、中国の脅威について繰り返し、当時のトランプ米大統領をはじめとした各国の首脳に警鐘を鳴らしていたのは、対中包囲網を築いた安倍総理である。なかには中国と親しい首脳もいて、告げ口されるのを百も承知で、されるがままにしていたという。

「なぜかというと、これは勘でしかありませんが、中国という国は、こちらが勝負を仕掛けると、こちらの力を一定程度認めるようなところがあるのではないか、と思うのです。日本もなかなかやるじゃないか、と。そして警戒し、対抗策を取ってくる。

中国との外交は、将棋と同じです。相手に金の駒を取られそうになったら、飛車や角を奪う手を打たないといけない。中国の強引な振る舞いを改めさせるには、こちらが選挙に勝ち続け、中国に対して、厄介な安倍政権は長く続くぞ、と思わせる。そういう神経戦を繰り広げてきた気がします。将棋を指しても、盤面をひっくり返すだけの韓国とは、全く違います」（『安倍晋三回顧録』）

こうしたリアリズムに基づき、中国と丁々発止ができる政治家がいないのが、日本はもちろんのこと中国の不幸でもあるのではないか。

第7章

スパイで見た
中・韓・北、反日三国

韓国情報機関の監視対象は日本と北朝鮮

同じ東アジア人ということもあり、中国人スパイは、日本に馴染みやすい。同様に、韓国、北朝鮮スパイにとって、日本は活動しやすいのだ。

韓国や北朝鮮の情報機関員は、日本語をネイティブレベルで話す。彼ら訓練を受けたスパイたちは、情報を正確に集めるために日本に精通し、非常に深度のある活動をしているのである。

韓国の対外情報機関である国家情報院（国情院）は、もともと「韓国版CIA」を意味する「KCIA（韓国中央情報部）」と呼ばれ、悪名高かった。過去には日本において、その後大統領になる金大中を拉致《らち》し、日本の主権を堂々と踏みにじったことがある。ほかの国の対外情報機関とは違い、国情院は、スパイ行為の捜査や汚職事件に限定されるものの、韓国内で警察のように逮捕権を持っている。

日本に滞在する諜報員も多く、港区にある韓国大使館には、日本支局があり、大阪や横浜にある総領事館にも情報機関員が配置されている。

彼らの関心は、韓国に対する日本の世論であり、政治家や有識者の発言にも敏感だ。当然、日本の世論が反韓に流れないよう対策を取ったり、日本人の反韓感情が高まった際には、なるべく抑えようとする。

その一方で、日本における北朝鮮関係者の活動にも注視している。

在日北朝鮮人は「土台人」と呼ばれる。また、北朝鮮にいる将軍様のために、日本や韓国で有事の際に活発なスパイ活動を行う人たちを「スリーパー」と呼ぶ。韓国の諜報員はこうした土台人やスリーパーの情報、さらに北朝鮮の資金調達の動きにも関心を持っていた。噂レベルのものから、かなり具体的な情報も貪欲に求めている。

朝鮮総連の議長は好例であるが、あるとき、朝鮮総連の敷地に救急車が呼ばれた。それを察知した韓国の諜報員は、すぐに私に情報がないかコンタクトしてきた。確認すると、救急車が来たのは来訪者が発作を起こしたからで、議長が運ばれたわけではないことがわかった。そう伝えると彼はすぐに自国にリポートにして送電したという。

北朝鮮スパイの稼ぎ方

北朝鮮は1970年代から80年代には、最高指導者だった金日成がいざ革命の指令を出したときに、日本で「スリーパー」たちが一気に蜂起《ほうき》する体制をつくっておく目的があった。しかし現在では、欧米から厳しい経済制裁を受けているため、日本の技術を盗んだり、外貨を稼ぐことが専らだ。日本を通して外貨を稼ごうともくろんで活動している。

たとえば、盗んだ日本のクレジットカードやキャッシュカードを、中国の遼寧省大連市に持っていき、不正に現金を引き出してから北朝鮮に持ち込むといった犯罪だ。

もともと大連は北朝鮮に近く、北朝鮮系の企業も多数進出しており、スパイも多い。中国当局としても、中国側に余計なことさえしなければ、放っておいて問題はないと判断しているようだ。実際、中国企業の顔をして、裏のオーナーは北朝鮮人という企業が山ほどある。

あるとき、ＣＩＡ機関員にこんなことを聞かれた。

「ステガノグラフィというのを知っているか？」

「ステガノグラフィ」とは北朝鮮スパイが使う通信手口で、パソコン上の画像のなかに情報を埋め込む技術だという。韓国の情報関係者に話を訊くと、「この手口は知っていたが、日本にいる北朝鮮関係者が使っているというのは耳にしたことがない」という。

韓国の情報関係者が私に「見つけた！」と報告してきたのは、それから数年が経ってからのことだ。その人物は北朝鮮に協力しているスパイで、ステガノグラフィを使ってやりとりをしていたという。

だがそもそも、私に訊いてきたＣＩＡ機関員は理由をこちらには説明しなかった。おそらくその時点で、ある程度、その技術を使っている人を絞り込んでいたに違いない。

恐ろしいのは、実は私に尋ねた最初の段階で、ＣＩＡは北朝鮮スパイの通信手口も把握しており、それを使って通信していた人物も、日本である程度絞り込んでいたことだ。しかしより重要なのは、私の知る限り、日本の情報機関が北朝鮮スパイ網に関して、重要な人物の存在を致命的に見逃していたことだ。

「外交パウチ」を利用した北朝鮮の密輸ビジネス

私が赴任したアフリカの国には、北朝鮮大使館があった。当時の話だが、私の携帯に現地の警察から連絡があり、相談したいことがあるという。

ＦＢＩから現地警察に北朝鮮が本国から外交パウチを使って、大使館に怪しげな荷物を送っているという情報が寄せられたようだ。

「外交パウチ」とは、正式には、外交行嚢《こうのう》という。各国の大使館や総領事館は本国との間で、外交行嚢に機密文書や外交活動に必要な物品を入れて航空便や船便で輸送する。ウィーン条約には、外交官の通信の自由を保護するために、外交行嚢に入れた荷物は所有国以外の人間は開けることはできないと定められている。

北朝鮮は、この外交パウチを利用して密輸ビジネスを展開していたのだ。外交パウチを使えば、空港の保安検査や税関検査で開けられる心配はない。かつて北朝鮮には、麻薬や拳銃などの禁制品やワシントン条約で国際取引が禁じられているサイの角や象牙を密輸し、国外退去になった外交官もいた。

ほかにも、中国の酒、タバコ、食材、日用品などを輸送し、売却した金は外交官の生活費に充てたり平壌に送金したりしているという。

私が赴任した国の入管では、北朝鮮から送られた外交パウチをＸ線検査していた。過去に禁制品などを輸送したからだ。すると、とんでもない数のＤＶＤが写っていたようだ。聞けば、この外交パウチはコンテナで、船便で送られてきたそうだが、なんと10万枚ほどあったという。

現地警察が北朝鮮大使館に連絡し、北朝鮮の外交官に、入管に来て外交パウチを開けるように通告。ところが北朝鮮大使館からはなしのつぶてだったそうだ。

警察は数カ月かけて北朝鮮大使館に何度も通告したが、まったく無視されたという。警察は半年後、北朝鮮大使館に「この荷物は無私物とする」と最後通牒《つうちょう》を出した。荷物を開けたところ、ハリウッド映画や日本映画、日本のセクシービデオが大量に出てきた。日本のＤＶＤだけで数万枚あった。北朝鮮の外交官はＤＶＤを売って儲けようとしたのだ。

現地警察の依頼を受けて、そのＤＶＤの一部を調べた。映画やドラマ、アダルトに分類し、タイトルをローマ字にしてリスト化。ＤＶＤは、レンタル店で使われていたものや、個人でダビングしたものだった。違法コピーされたものもたくさん含まれていた。

日本のＤＶＤでもっとも多かったのがアダルトだった。現地警察の人に、なぜ日本のアダルトがこんなに多いのか聞いたところ、おそらくバリエーションが豊富だから人気なのだろうと言われた。確かに日本の場合、マニアックなものがたくさんある。世の中にはいろんな趣味の人がいるが、それに応えているのが日本のＤＶＤと聞き、驚いたものだ。

結局、大量のＤＶＤはすべて処分された。

北朝鮮のスパイと結婚してスパイになった女性

東京都足立区にあった内科「金医院」の看護婦は、金応国院長の勧めで貿易商を営む滝川洋一と結婚した。そして１９６１年１月、新宿区戸塚町に新居を構えた。

看護婦は埼玉県大里郡の農家で６人兄弟の３女として生まれた。一家は貧しく、２人の姉は１人が芸者、もう１人は料理店の仲居をしていた。姉たちのようにはなりたくないと思った彼女は、いい人を見つけて幸せな結婚をするのが夢だった。

院長が紹介してくれた人なので、舞い上がってしまったのかもしれない。滝川のことを何の疑いもなく受け入れてしまったのだ。

ところが、だ。あるとき、彼女は洋一が留守の間、彼の母校である法政大学の卒業アルバムをめくっていた。だが、おかしなことに滝川洋一の名前が見当たらない。妙な胸騒ぎを覚えながらアルバムのなかから夫の顔を探した。

ようやく夫の顔写真を見つけた。けれども名前は「崔燦寔《チエ・チヤンシク》」だった。彼女は叩きのめされたようなショックを受けたそうだ。その日帰宅した夫に彼女が問い詰めると、自分は北朝鮮軍大尉で、民族保衛省偵察局から派遣されたスパイであることを明かしたのだ。

崔は戦前、日本に留学した朝鮮人で、1943年に法大卒業後、ソ連占領下の北朝鮮へ戻り、政府鉱山局勤務を経て北朝鮮軍に入隊。1950年に北朝鮮で死亡した滝川洋一という日本人になりすますため、スパイ訓練を受けた。

崔は1960年、日本に潜入。北朝鮮人出身の金応国院長を訪ね、自分の正体を明かし、結婚してくれそうな日本人女性を紹介してくれるよう依頼する。そして院長は看護婦の彼女を紹介した。

崔から夫の正体を聞かされた彼女は、「そんなバカなことって……」と驚き突っ伏した。崔は「君を騙した。しかし一緒に生活してみて、君を愛したことだけは本当だ」と言うと、彼女は崔の懐に飛び込んで泣いたそうだ。普通だったら、その時点で離婚するはずだが、彼女も崔のことを本当に好きだったのである。

崔の任務は、在日米軍、自衛隊、韓国大使館の情報収集、在日本大韓民国民団（民団）の分裂工作などだった。

結局、彼女は、崔に全面的に協力した。彼女は観光客を装って横須賀や佐世保の軍港、朝鮮に近い板付（現・福岡空港）やジョンソン空軍基地（現・入間基地）の写真を撮影し、崔を驚かせた。彼女は、何気なく肩にカメラを乗せ、歩きながらシャッターボタンに触れていたのだ。米兵は、彼女をただのお嬢さんとしか見なかったのである。

彼女は本物のスパイ顔負けの活躍をした。崔は、彼女の腕を信頼して、沖縄の米軍基地撮影も依頼した。

彼女は沖縄に渡り、島内を巡って基地を撮影した。なかでも、北朝鮮軍は摩文仁近くにあるミサイル基地の画像を欲しがっていた。そこは警備が厳重だったため、訓練を受けたスパイでも撮影するのは難しかったという場所だ。

当時公安当局は、北朝鮮が平壌放送を通じて日本に潜入したスパイと連絡を取っていることを把握していた。平壌放送の番組の途中で読み上げられる数字を暗号表に照らし、指令の内容を解読した。

公安部外事2課は、平壌放送で流れた数字を解読したところ、「小型の船を入手し、その船で帰国せよ」という内容であることを解読。全国の警察に小型船を購入した人物をマークさせると、下関市で漁船を300万円で買った滝川洋一という男がいるとの情報を入手。公安部外事2課は、すぐに捜査を開始した。

本物の滝川さんは1950年に死亡していることが判明した。その過程で、彼女の存在も浮かびあがった。

外事2課の動きを察知した崔は、行方をくらました。新宿の自宅には、彼女が1人で暮らしていた。公安は彼女を泳がせ、尾行を続けた。

1962年7月、彼女は電車で自由が丘（大田区）へ向かう。商店街にあった喫茶店に入り、しばらくすると崔が現れた。彼女は現金の入った紙包みを崔に渡し、2人は無言で店を出た。2人は別れ、崔がタクシーに乗ろうとしたところ、張り込んでいた捜査員に取り押さえられた。彼女も婦人警官に逮捕されたのである。

同年9月、崔は出入国管理令違反、秘密保護法違反などで懲役1年4月、執行猶予2年で強制国外退去。彼女は秘密保護法違反などで懲役7月、執行猶予1年が言い渡された。

彼女は幸せな結婚生活を送るという夢が破れ、失意のまま実家に帰ったという。北朝鮮スパイに協力したことについて、後悔の念はあったのかどうかは不明だ。

中国と北朝鮮の関係は複雑

だが、そんな北朝鮮のスパイも、国情院の関係者に聞いた話では、今では、北朝鮮人系に日本で蜂起するほどの体制も能力もないし、人数的にも年齢的にも不可能だろうという。しかも、2002年に北朝鮮が日本人を拉致していた事実を金正日総書記が認めたことにより、在日北朝鮮人は北朝鮮に絶望し、国籍を韓国に変えた人が多かった。それによって、スリーパーも激減した。

今、朝鮮学校や大学の関係者も、給料の遅配で副業をしないと食べていけないというくらい、お金は枯渇している。金の切れ目は縁の切れ目で、在日北朝鮮人は北朝鮮から距離を置こうとしているというのが実情なのだ。昔から在日北朝鮮人の収入源になっていたパチンコ屋の経営も以前のような潤沢な稼ぎはなく、急激に衰退している。

中国の北朝鮮に対する見方は大きく二分する。日本人からみれば、２つの反日反米国家は兄弟のように思えるが、何かと物資やカネをせびる北朝鮮を嫌っている党幹部も少なくないという。一方、北朝鮮も、金正恩党総書記がトランプ前大統領との首脳会談を画策し、中国とアメリカを天秤《てんびん》にかけ、中国を苛つかせている。いずれにせよ厄介な隣人であることは間違いない。

第8章

台湾有事の前哨戦は日本が主戦場

米中の情報機関の暗闘が公開される異常な事態

2024年2月7日付読売新聞の報道では（「米中が互いのスパイ活動を暴露合戦…米側5か国の情報機関トップが番組出演、中国はSNSで対抗」）、従来は水面下で行われていた米中の情報機関による攻防が次々と公表され、両陣営が強く警戒を呼びかける「異例の事態」と報じられた。

FBIのクリストファー・レイ長官は、同年1月31日の米下院特別委員会の公聴会で、「中国は現代の決定的な脅威だ。米国の安全保障をこれほど脅かす国はない」と発言、中国によるスパイ活動の活発化に警戒感をあらわにした。

すると間髪を入れず2月1日、中国の国家安全省は、23年夏以降に摘発を公表した米中CIAやMI6関連のスパイ事案を例に、「反スパイ闘争の情勢は厳しく複雑だ。国家安全当局は十分に職責を果たし、力強く我が国の主権や安全を守った」と成果を誇る談話を発表した。

たとえば、23年9月に摘発した香港出身で米国籍の梁成運氏は、30年以上にわたって大量の中国関連情報を米側に提供し、米側から表彰を受けたこともあったと明かした。その際、梁氏がどのような手口で情報を収集していたかの手口まで公開した。米側は梁氏にベトナム戦争参戦などの架空の経歴を与え、中国で慈善活動を行うよう指示。華僑団体などを通じて知り合った関係者を監視装置のある部屋に招き、ハニートラップを仕掛けるなどしていたという。

また、ＣＩＡ職員が外交官を装い中国人留学生に近づき、巨額の報酬や家族のアメリカへの移民手続きを持ちかけスパイに勧誘する手口も紹介した。

中国は23年以降、中国国民の大多数が利用するＳＮＳ・微信（ウィーチャット）の公式アカウントで米ＣＩＡなどを名指ししてスパイ事案を公表してきた背景がある。報道は、こうした「異例の対応」は米国との対立長期化を見据えて国民に注意喚起を促し、スパイ摘発への協力を求める狙いがあるというが、インテリジェンスの世界の常識では、そもそも中国は情報機関の運用そのものが異例だ。

戦争を防ぐ最後のルートが情報機関

国家の「裏の外交」である情報機関にも、情報機関同士のルールがある。軍隊が捕虜の交換をすることはよく知られているが、情報機関にも捕まえたスパイを互いに解放する「スパイの交換」がある。

また、スパイへの粛清や報復合戦が相互に行きすぎないよう、相互主義をとっている。たとえば、ウクライナ戦争では、ヨーロッパ各国は在住ロシア外交官、実体はスパイを追放し、対抗してロシアもヨーロッパ諸国のスパイを追放したのであるが、階級も人数も相手国の対応にあわせている。争いをいたずらにエスカレートさせないというのが1つ。もう1つ重要なのは、敵対する両国にとって最後の交渉の窓口として残されているのが、諜報員のルートだからである。つまり両国の情報機関のルートが閉ざされたとき、戦争につながるのだ。

それは戦前、諜報員の役割を担っていたのが、駐在武官だったことからもわかる。スパイ同士の暗躍も政治の範疇《はんちゅう》なのだ。スパイにある役割は国家転覆をはかる暗殺や破壊工作という負の側面だけではない。日本できちんと伝えられていないのは遺憾であるが、情報機関は戦争を防ぐ最後のトリデという重要な役割を担っていることを忘れてはいけない。

ところが、中国の情報機関は、大国意識か中華思想からか不明だが、そうした情報機関のルールを平気で破る。「ならず者国家」といわれるロシアでさえ守っている外交ルールを踏みにじって憚《はばか》らない。スパイや協力者をいきなり処刑する。アメリカの場合、無期懲役はあっても、死刑にすることはほとんどない。また、相互主義を破り、相手国の処罰した人間よりより上位者を処罰したりするのだ。

ＦＢＩのトップが中国スパイへの警戒の声をあげるのは、ルールを守らない中国から自国のスパイを不当に処刑させないための呼びかけという側面があると思われる。要するにスパイ交換を行え、と。

スパイ防止法のある国であれば、スパイ交換は通例のことだ。

スパイ防止法がわからない日本人の感覚からすれば、スパイ交換とは犯罪者の解放であり、近い歴史では1977年のダッカ日航機ハイジャック事件のイメージがあるのかもしれない。日本赤軍がハイジャックした飛行機の乗客の解放と交換に、服役および拘留していた9名の赤軍メンバーの釈放に日本政府が超法規的措置として応じた事件である。

だがスパイ交換はテロ集団のアルカイダとも行っていることだ。言うまでもなく、スパイ交換は人の命を救うための措置である。

情報機関のルールを守らない中国は、その観点からは人命軽視の後進国と言わざるをえず、常識が通じない危険な相手だ。

台湾侵攻へ向け、狙われた日本の潜水艦のスクリュー技術

アメリカがウクライナ戦争と、イラン・イスラエル戦争に気をとられているうちに、中国が台湾を侵略するのではないかと危惧されている。

だが、中国が台湾を本気で武力で統一するつもりだと言われ始めたのは、もう約20年前。2005年に成立した「反国家分裂法」の影響が大きい。この法律は、中国の主権お

よび領土の分割は許されず、平和的統一の可能性が失われたときは、非平和的手段を取らなければならないといい、台湾への武力行使を正当化したものだ。

その法律の成立に歩調を合わせるかのように、中国のスパイは動き出していたのだ。

２００５年、駐日中国大使館の武官が、海上自衛隊の海将補から日本の潜水艦機密情報を入手していた事件が発覚した。

その事件が発覚したのは、別件の薬事法違反事件の捜査からだった。

厚生労働省の許可を得ず、健康食品を販売していた貿易会社の社長と、健康食品を扱う中国人女性を薬事法違反で逮捕した。

捜査員が、中国人女性の自宅を家宅捜索したところ、意外なものが見つかった。海上自衛隊の海将補に関する資料が大量に出てきたのだ。捜査を進めると、逮捕した中国人女性の夫は、駐日中国大使館に勤務する武官であることが判明。公安部外事２課は、武官と元海将補の周辺を本格的に捜査した。

武官は、薬事法違反事件の数年前、知人を介して当時現役だった海将補と知り合っていた。武官が狙っていたのは、潜水艦のスクリュー技術だ。

当時の中国は、台湾侵攻や東シナ海進出のため、海軍の強化を図っていた。中国はロシアから中古の潜水艦を購入していたが、スクリュー音が大きかった。そこで日本の音の小さなスクリューの技術を欲しがっていたのだ。

捜査の結果、武官は十数回にわたって海将補と接触していたことが判明した。

武官は海将補を都内にある高級中華レストランで接待していたことも確認した。海将補は潜水艦に乗務する部下からスクリュー音を小さくする技術と、潜水艦のハッチに使われている防水ラバーに関する情報をわざわざ聞いたようだ。

もっとも、公安部の捜査が自身に迫っていることを知った武官は中国へ帰国。一方、公安部外事2課は、すでに退官していた海将補を任意で事情聴取した。

元海将補は、武官と会っていたことは認めたものの、潜水艦のスクリュー技術などは一切教えていないと、容疑を否認。確たる証拠がなかったので、結局、立件することはできなかった。

しかし状況証拠では、日本の潜水艦機密情報が中国に流れたのは間違いない。そして発覚していないだけで、この20年間、ほかにも自衛隊の機密情報が盗まれていた可能性もあるのだ。いまだに悔いの残るスパイ事件だった。

台湾の親中派が多いのは当然

台湾で暗躍する中国のスパイの数は、5000人以上と見られている。人口2340万人という台湾の人口は日本の6分の1にあたる。日本にいる中国人スパイの数は3万人とも推定されているから、台湾との人口比を考えると妥当な数字であろう。

また、台湾国内に親中派が多いのも、台湾という国の成り立ちを考えれば明らかである。

中国共産党との戦いに敗れた蔣介石率いる国民党が、敗戦した日本軍が去ったあとの台湾に逃げこんで以来、政治家や官僚、軍、メディア、国民も含めて台湾には親中派が一定数いた。いわゆる「外省人」と呼ばれる人たちの流れだ。

現在は野党に甘んじている国民党であるが、1948年に蔣介石が初代総統を務めて以来、台湾「民主化の父」と呼ばれた李登輝が総統に就き、初の直接総統選挙が行われた1

996年まで、国民党の一党独裁体制であった。

たとえば台湾国民党の代表的な親中派である元総統の馬英九氏は、中国のスパイ行為が発覚しても台湾のスパイ防止法である「国家機密保護法違反」には問わず、汚職罪など軽い処分で済ませ続けてきた。

台湾のメディアの報道のなかに親中的言動がみられるようになってきたのも、馬英九政権のころからである。それには中国とのビジネスの拡大が背景にある。

台湾の事業家たちは中国とのビジネスを成功させるために、中国報道に配慮するようメディアに要請するようになった。さらに中国が台湾メディアにカネをだすことにより、影響力を強めた。

その結果、台湾の新聞やテレビは「中国を褒めたたえる報道」が増える一方、中国政府にとってマイナスとなる報道を控えるようになった。中国に批判的な番組に露骨な圧力をかけ、放送を打ち切らせたこともある。日本でも心当たりがあるような話ばかりだ。

技術者と軍人で割れるアイデンティティ

また、現台湾軍も国民党軍の流れを受けている。今では中国人民解放軍に対し、圧倒的劣勢を強いられているとはいえ、台湾軍人たちは、戦前日本軍に勝ったのは自分たち国民党であり、国民党こそが真の中国の軍隊であるという矜持《きょうじ》を二世、三世になっても受け継いでいる。

産経新聞台北支局長である矢板明夫氏が、23年3月号『正論』(「根深い台湾軍のスパイ汚染」)のなかで、台湾軍幹部のアイデンティティのゆらぎについて報告している。

矢板氏が接触した台湾軍のある元幹部は「もし中国軍が台湾に攻めてきて、日本の自衛隊が台湾を助けるために援軍として来た場合に、台湾軍の将校のなかにはどちらに銃口を向けるべきか混乱する者がかなりいるはずだ」と話していたという。これは日本人にとってはショッキングな発言だろう。

つまり、民主化して「台湾人」のアイデンティティを持つ本省人と、蔣介石と一緒に大陸からやってきた外省人が多い台湾軍との間には、ギャップがあるというのだ。逆にいうと、本省人はあまり軍に入りたがらない。そのため、「台湾では半導体の技術者や医師などは多くが本省人で占められており、軍の幹部や公務員、教師などに外省人が多い」状況が生まれているようだ。

また本論考のなかでは、中国が台湾の軍人や元軍人を籠絡する手口を紹介している。外省人の軍幹部は退職すると、自らのルーツを尋ねて中国大陸に里帰りする事例が多いのだが、そのような人々を中国側は熱烈歓迎する。その際に便宜を図り、またお墓もきちんと政府の資金で整備する。

こうして退役軍人が中国側に取り込まれ、そのつながりで現役軍人の息子も取り込まれてしまう。中国側は血縁、地縁、親の情けに付け込むわけだ。

あるいは、中国本土に渡って商売を始める退役軍人たちの手助けもする。そして世話した後に退役軍人に次のように話を持ちかけるという。

「中国当局から『台湾に戻って、昔の仲間を集めて勉強会をしませんか』と持ち掛けられ、現役将校らとの勉強会の内容を録音してデータを渡してくれ、と求められる。最初のうちはどこの所属だとか、蔡英文総統の講話が軍内でどう受け止められているかといった当たり障りのない内容で、機密漏洩でも何でもありませんが、そのデータを渡すと日本円にして百万〜二百万円といった報酬がもらえるのです。しかし次第に『最近はどういう武器を使っているのか』『武器の性能はどうなのか聞いてきてくれ』と中国側の要求がエスカレートしてきます」（同前）

台湾史上最大のスパイ事件

実際、2022年に、「台湾史上最大のスパイ事件」と呼ばれる「張哲平事件」が起き、台湾社会に衝撃を与えた。2021年6月まで国防部（国防省に相当）のナンバー3である副部長（国防次官）を務めた空軍上将が、中国側のスパイと接触し、機密情報を漏らした疑いがあるとして、台湾の情報機関と治安当局の捜査対象となっていたのだ。

さらに、台北地方検察署（地検）は、この事件に関わったとして、張氏の元部下で台湾空軍の退役少将と陸軍の退役中佐の2人を国家安全法違反の罪で起訴。翌23年1月、年明け早々には、台湾軍の部隊配置や軍用機・軍艦の性能に関する情報を中国側に漏洩した「国家機密保護法」違反などの容疑で、台湾空軍の元大佐1人と海・空軍の現役将校3人の計4人が検挙された。

だが、張氏は証拠不十分なため逮捕はされていない。それどころか、国防大学の校長に異動している。同様に、起訴された空軍の退役少将も、執行猶予付きの甘い判決にとどまった。同じことを中国がされたら、死刑になっていたであろう。

米中対立の狭間で揺れる台湾でスパイ摘発が増えた理由

70年代に中国と国交正常化を果たすとともに、台湾と断交した経緯があるため、日本と台湾、アメリカと台湾の関係は微妙である。まだアメリカには「台湾関係法」があり、同盟関係ではないものの、台湾防衛のための軍事行動の決定権を大統領が持っている。

しかし台湾軍に親中派が多く、かつ中国スパイが入り込んでいるせいで、米軍が兵器や装備、情報を本当の意味で共有できず、米台関係の障壁になっていることは間違いない。

これは自衛隊との関係にもいえることで、中国包囲網としての日米台の連携を脆弱にする。「台湾侵攻はイコール日本侵攻である」という危機的状況に対応できるのか、心もとない。

またこうした不安定な日米台関係が、「いざ台湾有事が始まったら、米軍は台湾を見捨てる」という中国の分断工作を許す余地を与えている。武器は供給するものの米軍を派遣することはない「ウクライナ戦争の教訓」が台湾国民に、リアリティを与えている面は否めないだろう。

中国に急襲されるのは嫌だが、台湾独立を唱え、いたずらに中国を刺激したくもない。現状維持というのが台湾国民の偽らざる本音なのだ。

台湾本国がそうした中国の工作を許している以上、日本へ赴任する台湾人のなかに親中派が紛れ込んでないと考えるほうがおかしい。もっというと、共産党の手口を知り尽くしている台湾よりも、「スパイ天国」の日本のほうが、在日台湾人への工作も容易なのである。つまり、日本を舞台に、中国のスパイと台湾のスパイは、静かに暗闘を繰り広げていた、ということだ。

「台湾独立」は共産党の逆鱗

中国にとって台湾にまつわる言論でもっとも許しがたいのは「台湾独立」である。台湾でも日本でも両国民を問わず「台湾独立派」は弾圧の対象だ。故・李登輝総統は少なくとも表向きは「中国との共存」「中国を刺激しない」との路線を守っていたにもかかわらず、96年の初の総統直接選挙で、中国は李氏の得票を減らそうとミサイルを発射した。

李氏の訪日に対しては、総統時はおろか、2000年5月に引退し、国民党主席の座からも降りて、一民間人となってからもあらゆるレベルを通じて執拗《しつよう》に反対し続けた。中国にとって李氏の訪日はまさに「台湾独立という政治活動のために舞台を提供するもの」の象徴であったのである。

このことからもわかるように、「台湾独立」は中国の逆鱗《げきりん》なのだ。そして一度、独立派のレッテルを貼られると、いくら「中国との共存」を唱えても、一切聞く耳を持たない。

むしろ、何かといちゃもんをつけては「独立を主張して中国を刺激した」と宣伝しようとするのだ。

多くの台湾人が現状維持を望んでいることを知っているだけに、あえて「独立派」であることを強調し、両岸関係を壊す存在であると、台湾国民から孤立させようともくろんでいるのだろう。

したがって、日本でも当然のごとく「台湾独立」支持の声を抑える工作を行っている。日本人が注意しなければならないのは、反中的な言論や活動をしている人が中国のスパイである可能性だ。ウイグル反対や民主化運動のなかにスパイを潜りこませ、反中分子の存在をリストアップし、個人情報を引き出そうとしているのだ。

実際に公安の上司に起きたケースだが、スパイに自宅が把握されると、猫の死体が宅配便で送られてきたり、便所から取ってきた汚物をポストに入れられたりする。もっと強烈なものとして、「お前の娘はヴァージンだろ」と書かれた手紙がポストに入っていたこともあったと聞く。

上司の場合は中国のスパイではなかったが、同じようなことをされてもおかしくはない。

台湾独立や、民主化運動など反体制派勢力に関与している日本人も、間違いなく中国スパイの監視対象になっている。そういう日本人が何も考えずに中国を訪問すれば、拘束されてしまう可能性もあるので注意が必要だろう。

台湾の外交施設を巨大アンテナで傍受

中国が台湾の通信を傍受しているのではないかと推測できる施設がある。東京都渋谷区にある、中国大使館恵比寿別館だ。そこから半径1キロ以内に、「台北駐日経済文化代表処」があるからだ。

日本と台湾には正式な外交関係がないため、日本と台湾は、民間交流という名目で、大使館代わりにこの代表処を東京に設置しているのである。

「不可侵権」といって、大使館や大使公邸、外交官の住居として認められた敷地は、ウィーン条約により、「捜索、徴発、差押え又は強制執行を免除される」(22条)。

もっとも、恵比寿別館は、外交施設として登録していないため、外交ルール上、別館という看板を掲げることは許されていない。つまり、外交特権である不可侵権の対象となる施設ではない。

日本の外務省は何度も文書で抗議しているが、中国は勝手に大使館関連施設だという看板を設置しているのだ。おそらく特権があるかのように装うことで、威嚇をしているのだろう。大使館の関連施設と看板を出すことにより、警察にガサ入れされないように。

なぜ、違法を承知でそのような看板を出しているのか。上空から見るとわかるのであるが、実はこの別館には、大きなアンテナが設置されていたのだ。これで台湾の代表施設の通信を傍受しているのであろう。

それと関連しているかどうかは確定できないが、近隣住民からは、恵比寿別館の周辺ではときどきテレビ画像が乱れるなどの通信障害が、報告されていたのだ。

また、恵比寿別館のすぐ隣には中国の国営通信社の新華社もある。

実は中国の大使館がこのような別館を用意していることを教えてくれたのは、ヨーロッパの情報関係者たちだった。

ヨーロッパの中国大使館には必ず怪しい別館がセットで存在し、通信傍受を行っているという。そんな話は、中国を担当する外事警察でも聞いたことがなかった。案の定、調べてみると別館があり、アンテナがあった、というわけだ。

別館は住宅街にあるため、付近を歩いていてもアンテナに気づくことはまずない。以降、警察庁警備局と警視庁公安部は、恵比寿別館に対する監視体制をつくっている。中国と台湾のスパイ戦を垣間見たようであった。

スパイの別館からアポイントをとる方法

別館のなかを調べるときもそうだが、警戒している相手に対して、アポイントをとるテクニックがある。これは私が各国の大使とアポをとったときにつかったものであるが、次のように提案する。

「外交官のみなさんに、日本で安全に暮らすために知っておくべきことを私からレクチャーしてあげますよ。たとえば首都直下型の大地震が起きたとき、外交官のみなさんはどこへ避難すべきか知っていますか？　日本では夜間に無灯火の自転車に乗っていると警察官に停止を求められますよ。そのとき身分証明書を持っていないと確認に時間がかかりますよ。知っていましたか？」

このようにセキュリティ・ブリーフィング（安全講習）を提案すれば、まず断られることはない。それどころか、感謝されるくらいだ。

私のセキュリティ・ブリーフィング（安全講習）は好評で、各国の大使館に招かれるようになった。何度電話してもアポを断られ続けた恵比寿別館でも、この方法で室内を見学することができたのである。

劣勢な台湾スパイ

また、これは容易に想像がつくことだが、熊本にできた台湾積体電路製造（ＴＳＭＣ）

の工場のなかにも中国のスパイがいる。そもそも半導体の最先端技術は中国が喉《のど》から手が出るほど欲しい技術だ。

台湾では中国企業が、半導体技術者を違法な形で獲得する動きが活発化しているとし、台湾当局が関連約100社の中国企業を調査している。日本も同様の調査が必要であろう。

台湾vs.中国のスパイ同士の暗闘といっても、日本にいる中国人と台湾人では、圧倒的に中国人が多い。出入国在留管理庁によると、24年6月現在、78万8495人の中国に対し、台湾人はその10分の1以下の6万220人しかいないのだ。

その数の差は、そのままスパイの数の差に当てはめてもいいだろう。マンパワーでも予算でも圧倒している中国のスパイが、台湾人の協力者をリクルートし、学者や言論人を親中派にさせ、代表処の代表および職員を終始手なずけようとしている。

これに比して、台湾派に寝返った中国人がどれだけいるか。中国人を親日派にする難しさを痛感している日本人なら、それがよくわかるだろう。

中台、中日の「友好」や「交流」を名目に、情報収集をしたり、スパイ組織を構築していく、あの強《したた》かな手口を思い出してほしい。

もちろん、台湾側も日本国内にある本部の東京と、横浜、大阪、福岡、那覇、札幌にある5つの代表処や、台湾の対内情報機関、対外情報機関の職員は平時から台湾コミュニティのなかに、中国人スパイがいないか目を光らせている。

同時に、代表処の職員のなかに親中派に寝返った人間がいないか、内部監察も怠っていない。他国同様、大使の動きも監視しているのである。

日台支配をもくろむ中国の最終目標はアメリカ

このように、激しいつばぜり合いを続けている中国と台湾だが、中国による台湾侵攻のシナリオはいくつか考えられている。
①情報戦により戦わずして勝つ、②台湾海峡の海上封鎖による兵糧攻め、③日本の離島、台湾本島への軍事侵攻。しかし中国が狙っているのはやはり、①の「戦わずして勝つ」だろう。スパイ同士の攻防が非常に重要になる。

日本での工作は、短期的にはこれまで述べてきたように、自国民の監視とともに、日本の最先端技術や軍事技術の機密情報を獲得することであるが、中長期的には日本を中国の省にすることだろう。省までいかなくても、日米を離反させ日本を味方につけたい。より長期的にみれば、中国の最終目標はあくまでアメリカであり、日本支配はその一里塚にすぎない。

中国にとって太平洋の出口にある台湾と日本は地政学的にも奪いたいエリアであるし、アメリカのアジア戦略にとっても日本は欠かせない。米中の軍事衝突ともなれば、アメリカにとって軍事拠点となるのは日本の基地であることは言うまでもない。中国が再エネを通じて基地周辺の土地を購入し、通信傍受に励んでいるのも、米中軍事衝突を見越してのことである。現状を見る限り、中国により日米の間にはすでにくさびを打たれているのも同然だ。

実際、23年8月、アメリカから中国軍のハッカーが日本の防衛に関する機密情報にアクセスしていたと警告を受けている。松野博一官房長官は、「事実関係については事柄の性質上、お答えを差し控える」と述べ、浜田靖一防衛相も、サイバー攻撃により防衛省が保有する秘密情報が漏洩した事実は確認されておらず、「任務の遂行に影響が生じる事態は生じていない」とコメントしているが、まったく楽観はできない。

米紙ワシントン・ポストは、中国人民解放軍のハッカーが日本政府のもっとも機密性の高いコンピューターシステムに侵入し、防衛に関する機密情報にアクセスしていた、と複数の元米政府高官らの話として報じた。要するに日本の取り組みが不十分だと懸念を示しているのだ。何も今に始まったことではなく、10年ほど前からアメリカは警告していた。日米の情報共有強化や米軍と自衛隊の共同を妨げるからだ。

日本はそのアメリカの要請に応えていない。

日本工作の要は沖縄

今後、覇権をめぐる米中両国の駆け引きはますます激しくなるであろう。

その際、中国が日本工作の要とみているのが沖縄だ。米シンクタンクの戦略国際問題研究所（ＣＳＩＳ）は２０２０年７月末、「日本における中国の影響力」についての調査報告書のなかで、「特に尖閣諸島を有する沖縄県は、日本の安全保障上の重要懸念の一つであり、米軍基地を擁するこの島で、外交、ニセ情報、投資などを通じて、日本と米国の中央政府に対する不満を引き起こしている」と指摘。

また、中国共産党が海外の中国人コミュニティに影響を与えるために使用する多くの方法の1つが中国語メディアであり、日本における同メディアを通じた中国の影響力のもっとも重要なターゲットは沖縄だと述べた。

こうした中国のメディア工作は公安調査庁も認めていて、中国官製メディアの『環球時報』や『人民日報』が、沖縄独立を促す論文を複数掲載し、沖縄で中国に有利な世論を形成して日本国内の分断を図る戦略的な狙いが潜んでいると、中国の動向に警鐘を鳴らしていた。

実際、24年10月4日付日本経済新聞よると、約200の「中国工作アカウント」が「沖縄独立」を煽る偽動画を拡散していたことが調査でわかった。

「琉球属于中国、琉球群島不属于日本！（琉球は中国に属し日本に属してはいない！）」といった中国語付きの偽動画を23年からSNS上で何度も転載して拡散させたほか、動画への批判には必死で反論し、議論を意図的に盛り上げる形で、組織的に拡散していたという。このように「沖縄（琉球）独立」を促し、日本から分断しようとしているのだ。

トランプ復活の〝外圧〟で変わる日本と台湾

もし、台湾有事が起これば、「国防動員法」（２０１０年施行）により、日本と台湾両国にいる中国人たちの徴用・動員が行われ、所有している土地は中国共産党のものになる。想像することが恐ろしい事態だ。

また、台湾から難民となって台湾人が日本に押し寄せてくるのは目に見えている。そしてそのなかに中国のスパイが紛れ込む。ヨーロッパが中東から難民を受け入れた際に、偽装難民となったＩＳ（イスラム国）のテロリストが紛れ込んでいたのと、同じことが起きるのである。

それは最悪の想定だ。

ただ明るい兆しがないわけではない。24年の米大統領選挙でトランプ氏が大統領に返り咲く可能性が濃厚だが、それに向けて台湾では軍関係者のスパイ摘発が相次いでいる。たとえば、18年はスパイ行為など計52件、174人を摘発した。これはトランプ政権以降、アメリカが台湾に武器輸出を増やしたことへの対応とみることができる。前述のように米軍の兵器の情報を中国に漏らされてはたまらないからだ。いわばアメリカ側からの圧力があったからであるが、台湾はその要望に応えようとしている。

前岸田文雄政権が、22年12月に、閣議決定した国家安全保障戦略など新たな安保関連3文書に基づき、防衛費を国内総生産（GDP）比で2％に倍増する方針を示したのも、やはりアメリカの要請に基づく。そして防衛費は、2023～27年度の5年間の総額で前回計画の1・5倍に相当する43兆円に増やすことができた。つい数年前の安倍政権時では考えられなかった変化が現に起きている。

第9章

「スパイ防止法」で中国から日本を守る

なぜ「スパイ天国」なのか

G7サミットに加盟しているカナダ、フランス、ドイツ、イタリア、イギリス、アメリカ、日本の7か国のうち、スパイを取り締まる法律である「スパイ活動防止法」がないのは日本だけである。

そのため日本では、スパイが企業の情報をプリントアウトしたり、USBに入れたりして持ち出した場合、窃盗罪や横領罪などの現行犯に近い形で捕まえないと、スパイ行為を取り締まることができない。

しかしスパイ活動防止法がある国では、スパイが「お金を渡すから、資料を持ってきてくれ」と頼み、「わかりました」と了承した時点で、協力者をスパイ行為で逮捕できる。法律があることによって、現行犯より前の段階（そそのかし）であっても逮捕できるのである。また、「スパイ活動で逮捕されると厳罰に処せられる」と法律で規定されることで、スパイ活動への抑止力が期待できる。

日本の場合は、そのやり取りだけではまだ実際に何もやっていないので、現行犯として成立しない。実際にUSBに入れて持ってきたときに現場で捕まえなければいけないので、なかなか難しいのだ。スパイ活動防止法がないことが外国人スパイから「スパイ天国」となめられる状況を許しているのである。

また、スパイ被害にあった企業の側の対応の問題もある。日本では、スパイの協力者が発覚すると、社長や役員がパニックになるケースが多い。「株価が下落する、評価が下がる、株主総会が荒れる」というのだ。できれば見なかったことにしたいという姿勢なので、被害届も出さない。被害届を出せば、公判に堪えられるための資料や証拠を集めようとする警察に、企業が保管していたパソコンを調べられ、実況見分をされる。そんな協力はしたくないという場合が多い。企業から被害届が出なければ捜査はできないのである。

「スパイ防止法」ができると困る人たち

ソフトバンクや積水化学のスパイ事件を教訓に、ある一定の機密情報にアクセスできる人はセキュリティ・クリアランス（適性評価）、バックチェック（さかのぼって調べること）は、当然受けるべきだ。

また、セキュリティ・クリアランスを通った人であっても、配属された後に買収される可能性があるので、権限以外に不正アクセスをしていないか、立ち入れる場所以外に入っていないかなど、再審査が必要だ。

これができないと、たとえば日米合同の軍事行動があるとしても、日本側から情報が洩れてしまう可能性がある。そうなれば、日本側と情報共有したり、共同戦線が張れなくなる。このセキュリティ・クリアランスが世界の先進国、特にG7のなかで日本が一番脆弱である。

なぜなら、スパイ活動防止法をつくろうとすると左寄りの人たちが必ず反対して潰そうとするからだ。共産党もそうだが、特定秘密保護法やスパイ防止法をつくろうとすると、「戦前の特別高等警察に戻る」と大反対する。「特高が共産党員を牢屋に送って獄死させたあの時代が復活する」と。

実際、スパイ防止法は中曽根政権、それから安倍政権のときにも検討されたものの野党の大反対にあって廃案になった。２０１４年12月に施行された秘密保護法ですら、「民主主義が死ぬ」、「戦争になる」、「居酒屋で話しただけで逮捕される」と大騒ぎ。しかし、今に至るまで、居酒屋で話していただけで逮捕された例を、私は寡聞にして知らない。

私からすると秘密保護法やスパイ防止法に反対する人たちは、逆にスパイなのではないかと思ってしまう。スパイを取り締まるのが目的であって、ごく普通に過ごしている大半の日本人にとっては、関係のない法律だからだ。しかも同法はスパイ交換など自国のためにスパイ活動に従事した人たちの命を守る側面もある。

ただ、外事警察に身を置いた人間だからわかることだが、公安外事に無制限に近い権限を与えるのは危険だと、私は考える。事件捜査という名目さえあれば、誰の戸籍も、犯罪歴も照会することができる。ということは、たとえば著名人の性犯罪歴を週刊誌に売り渡すことが簡単にできるようになる。

それを防止するためにも、スパイ防止法のような権限の強い法律をつくるときには、検察官の審査を経るとか、裁判官の令状が必要だとか、縛りを設ける必要はある。

たとえば「通信傍受法（犯罪捜査のための通信傍受に関する法律）」は、薬物犯罪や身代金誘拐、組織的な殺人などの重大な犯罪を捜査するために、通常の捜査手段では解明が難しい場合に通信を傍受することを認めるものだが、手続きとして裁判官の令状が必要だ。好き放題に通信傍受ができるというような法律ではない。

そのように無制限の権力を与えると、今の人たちは悪用することがなくても、将来おかしな人間が現れたり、権力を握ったとたんに悪用するとも限らない。だからこそ司法等の審査が入るといったブレーキをつくるべきである。

しかし、スパイ活動防止法がないというのは明らかにおかしい。スパイ活動防止法がないということはスパイの定義がないということだ。定義があって初めて犯罪になる。日本では現在、窃盗罪や横領罪、情報をほかの企業に渡した場合には、「不正競争防止法」の領得罪とか、全然関係ない罪にひっかけてスパイを立件するしかない。

スパイの定義ができると法律をつくる流れになるので、本当は自分たちに向けられるのを恐れているだけなのに、「国民」を主語にして反対するのが左翼の連中だ。国家機関を「暴力装置」というのは極左の常套句だ。

2010年、民主党政権下の当時、仙谷由人官房長官は参院予算委員会で自衛隊を「暴力装置」と表現し、自民党などから抗議を受けて発言を撤回、謝罪したことがあったが、身元が知れる。今は左翼の政治家でさえ暴力装置を使うのは控えるようになっているが。

もっとも、公安も、破壊活動を防止するために「極左便覧」をつくり、危険人物をリスト化し、いざというときのために怠っていない。同様に中国人スパイや協力者と思われる人物のリスト化もしている。

スパイ防止法がないとスパイ交換ができないことはすでに述べた。戦争を回避するための最後のトリデである情報機関のルートを確保するためにも同法は重要だということを再度強調したい。

日本の監視体制を試す「瀬踏み」

2020年10月、我々が「瀬踏み」と呼ぶ事件が皇居で起きた。瀬踏みとは日本の監視体制をチェックするのが目的で、個人の犯行を装っているが、裏には中国の情報機関がいる。そのことが露見した事件だ。

皇居には、宮内庁書陵部が所蔵する資料を一般人でも閲覧できる資料室があるのだが、閲覧の予約をとった中国人男性が資料室で閲覧を終えた後、一般人の立ち入り禁止区域を徘徊《はいかい》したのだ。

本丸から百人番所を経て、境界柵を不正に越え、車馬課の前を通って宮内庁庁舎へと入り込んだ男は、地下の食堂で昼食までとった。その後は、宮殿の西玄関から北庭へと抜け、盆栽の仕立て場である大道庭園へ出て、引き返したところ、ようやく賢所通用門近くの「吹上仲門」で身柄を確保された。

その間、男は、何人もの宮内庁職員とすれ違ったのだが、資料室の閲覧者がつけるバッジを外していたため、誰も注意する者はいなかった。北庭を歩いても注意されなかったのだ。

資料室を出てから身柄を拘束されるまで、1時間を超えていた。しかも中国人の徘徊ルート上の近くには、坂下護衛署の友溜《ともだまり》警備派出所もあった。だが皇宮警察の護衛官は中国人を呼び止めなかった。その後の取り調べで中国人は、「道に迷った。お腹が減っていたので、食堂に入った」などと供述。しかしその中国人の名前を聞いて、ようやく目的がわかった。

その男は、中国大使館で諜報活動をしている中国人外交官の協力者ではないかと言われ、公安がマークしていた人物だったのだ。つまり、厳重に警備されている皇居をどこまで侵入できるか調べるために、皇居内をうろついたのだ。おそらく監視カメラはどのくらいあるのか、人間の体温を探知する（哺乳動物も探知）赤外線センサーは配置しているのか、当然チェックしたはずだ。

このケースのように、中国人が皇居の一般参賀の際に立ち入り禁止区域に侵入することはよくある。

団体で一般参賀に来る場合、宮内庁職員が案内をすることになっているのだが、中国人は団体から抜け出して、立ち入り禁止区域に立ち入るのだ。護衛官に見つかると、「トイレに行きたくなった」といって言い訳をする。

しかし1時間以上も不法侵入者の身柄を確保できなかったということで、警察内部で大問題になった。当時、警察庁警備局長だった大石吉彦警視総監は、ことの経緯を聞かされて激怒し、自ら皇居に視察に行ったという。

きっと中国は、日本の警備体制は恐れるに足りないと思ったに違いない。皇宮警察はガードマンと同じで、はっきり言って暇な仕事だ。事件を捜査することもないし、犯人を逮捕後、事情聴取することもない。暇を持て余しているから不祥事も多いと言われても仕方がないのだ。

このように日本の監視体制の限度をチェックする瀬踏みは、中国の情報機関がよく行うことである。議員会館前に垂れ幕をかけたりする抗議行動等も、瀬踏みであるかもしれない。

スパイ天国から日本を守る警察の捜査力

情報機関の本性が暗殺や破壊工作だとしても、外国人スパイが日本で好き勝手に殺しをすることは、まずない。いかにスパイ天国の日本とはいえ、日本での暗殺をスパイは躊《ちゅう》躇《ちょ》するはずだ。

なぜなら日本の警察は事件の解決率も高いし、外事警察の尾行は外国の情報機関も感心するほどのレベルだ。最近は防犯カメラもいたるところにある。殺しのような工作は足がつきやすい。

日本警察の捜査能力の高さは世界的にも知られている。スパイもマフィアも警察が動き出すような事件化には極力しないよう努めているのだ。

逆にいうと、スパイ側はスパイ側で、日本の防諜体制を踏まえて抑制している一方、警察のマンパワーや能力の限界もある程度は把握している。少し足を延ばして郊外や地方都市に行ってしまえば、ほとんど追跡できないこともわかっている。少しの工夫でスパイ活動がばれにくくできるのだ。監視されやすい都市部は避ける。スパイが観光客を装って、入国して活動しているケースもあるのだ。

中国スパイVS.公安

ここで具体的な中国スパイと公安警察の対決を紹介しよう。

中国大使館の一等書記官が立件された前代未聞の事件だ。

事件になったのは2012年5月。当時は民主党政権だったが、小沢一郎氏、鳩山由紀夫氏、菅直人氏、仙谷由人氏などなど、民主党には中国寄りの人が多かった。中国に対する警戒心もなかった。まったく脇が甘かった、と断じざるをえない出来事だったのである。

駐日中国大使館の李春光一等書記官が、鹿野道彦農水大臣（当時）らに「農産物や衣料品の対中輸出の特別枠が得られる、中国でそれらを売らないか」という話を持ち掛けた。民主党の人たちはその話を鵜呑《うの》みにし、トラブルになった。

李は、2009年9月に民主党が政権を取って以降、経済担当書記官として、鹿野大臣や筒井信隆農水副大臣と何度も接触していた。そして彼らに中国の国有企業を紹介、中国へのコメ輸出拡大を柱とする覚書を交わした。さらに、農産物などの対中輸出の特別枠が得られるという話をした。

その流れで2011年7月、農水省が音頭をとって一般社団法人「農林水産物等中国輸出促進協議会」が設立された。

同協議会は、日本の農業団体や食品会社が北京の展示施設で農水産物やサプリメントを展示・販売するという計画を立て、参加を希望する企業から出資金を募った。同協議会の案内には、参加企業には、検疫条件緩和が期待できると記載されていた。ところが参加企業は伸び悩み、出資金も思うように集まらなかった。同協議会は、結局中国へ1億4000万円送金したが、この計画は頓挫《とんざ》してしまったのだ。

鹿野氏や筒井氏は、完全に李氏に騙されたわけだ。中国に送られた資金は、中国当局の諜報活動に使われたという見方さえある。

李は、中国人民解放軍総参謀部第2部に所属していた。

総参謀部第2部は、外国人を監視する諜報機関であり、人的活動および駐在武官の管理、公開資料分析などを行う。そこで李氏はスパイの訓練を受けた。

ただ、彼はいわゆるエリート外交官ではないようだ。外交官の身分を隠して外国人登録証明書を不正に取得して日本で銀行口座を開設、ウィーン条約で禁じるサイドビジネスを行っていた。つまり私腹を肥やしていたわけだ。それが事件になったきっかけだった。

李は、都内の健康食品会社から顧問料、同社の関連会社から役員報酬も得ていた。さらに、千葉市内のアパート1棟を約4000万円で購入。中国人を入居させ、家賃収入を得ていた。

実をいうと、公安部は李氏のことを２００５年に発生した海上自衛隊の情報漏洩事件のころからマークしていた。

この事件は、技術研究本部（現・防衛装備庁）の元技官が潜水艦の船体工法などに関する部内向けの論文を日本人貿易業者に渡したというものだった。技官と貿易業者は北京で人民解放軍関係者と面会したため、警視庁公安部の外事２課は総参謀部第２部の工作とみて捜査に乗り出した。

公安は窃盗容疑で元技官の自宅を家宅捜査した。もっとも、流出した機密のレベルが低かったため、自衛隊法での立件はできなかった。

捜査の過程で、捜査線上に浮かんだのが李氏だった。彼はすでに日本の防衛関係者に人脈を築いていた。そのため外事２課は、数年にもわたって李氏をマークしていたのだ。

李春光事件では、「農林水産物等中国輸出促進協議会」のことがメディアに報道されているが、彼が本当に狙っていたのは防衛機密だったとみられている。

公安部は12年5月中旬、外国人登録証明書を不正に取得したとして、外国人登録法違反と公正証書原本不実記載・同行使の容疑で李に出頭を要請した。しかし、5月23日、李は中国へ帰国。日本にはスパイ活動を取り締まる法律がないため、書類送検して事件は終了した。

スパイを追い詰める捜査員の手口

いわゆる「公安対象」とは、スパイやテロリストのみならず、それらの支援者、同調者を指す。外国人を公安対象とする際も、日本人と同じように基礎調査（基調）を行う。

時間をかけて尾行や監視を行い、経歴、交友関係、行きつけの店、趣味、借金の有無などを調べたうえで、接近するきっかけをつくる。

ある事件では、基調の結果、マークしたロシア人がロシア大使館のスパイ（外交官）の協力者だったことが判明。さらに、そのロシア人は、都内にある風俗店に入れ込んでいることもわかった。ときどき別の店にも行っていたようだが、ほぼ毎回、その店に籍をおく特定の日本人女性を指名予約していた。

このとき、検討したのは、ロシア人が指名している女性を公安の協力者にして、彼女から情報を取る方法だ。しかし彼女から我々が期待している情報が取れるかどうかは微妙だった。結局、核心に触れる話は女性に明かさないだろうとの判断から、彼女を協力者にすることは断念した。

残る手段は、公安捜査員がお客としてその店の常連になることだった。

実は風俗店のなかには、警察に協力的な店が結構ある。店が協力的かどうか判断するには、所轄署の生活安全課に聞けばわかる。公安部から直接所轄の生活安全課に聞くわけにはいかないので、警視庁の生活安全部から聞いてもらうのだ。

1度摘発を受けた風俗店は警察を嫌うが、そうでない場合は所轄署とパイプがあることが多い。

たとえば社長がボクシングのプロモーターもやっている都内の風俗店では、日頃から試合の警備などのことで警察と付き合いがあるようで、担当の警察官に店の割引券を配っていた。

こういう店に公安対象が常連客として通っている場合、店長や店のオーナーなどから貴重な情報を入手することができる。わざわざ警察のために、公安対象と世間話をしながら情報を聞き出してくれることもある。

件の風俗店は、運よく警察に協力的な店だった。そこで1カ月ほど店長のところに通って店長と親しくなった。

おかげでロシア人が何をしているのか、だいたいわかってきた。幕張メッセなどで開催される警備グッズや防弾チョッキなどの展覧会に足を運んでいたようだ。彼はロシア外交官の指令を受けてパンフレットを入手し、ブースにいる人と名刺交換していたと思われる。その名刺を外交官に渡し、日本の協力者を探していたのだった。

さらに、風俗店からロシア人が行きつけのレストランやバーも教えてもらった。

彼が通うレストランを張り込んだところ、企業の幹部と見られる日本人やロシアの外交官と会食していたことも確認できた。

このような捜査は普通、少なくとも3カ月はかかる。そして、情報がまったく取れなくて空振りする場合も多い。情報を取れる確率は3割もない。3カ月経っても何の成果も上げられなければ、捜査は打ち切りとなる。

結局、この公安対象となったロシア人はその後摘発されてはいないが、公安捜査員が目を光らせている以上は、勝手なことはできないだろう。

尾行をめぐる攻防

日本の外事警察の尾行レベルは高いと先に書いたが、ロシアスパイのスパイを撒《ま》く技術も高い。

あるとき、外事警察がロシアスパイを尾行し、恵比寿駅東口にある長いエスカレーターに乗ると、降りきったところでスパイがこちらを待ち伏せにしていたことがあった。お腹あたりに持ったスマートフォンで、降りてくる人を全員撮影しているのである。

実際に尾行をしていた者が降りる間際に、ロシアスパイのスマートフォンから顔を背けるなど不審な動きをすれば、尾行者を特定できるのだ。尾行を続けるには、決して下手な動きは見せずに、平然としていなければならない。ロシアスパイはこういう狡猾《こうかつ》な尾行点検を毎回するので、尾行者を適宜代える必要がある。

ところで「点検」とは、スパイや防諜担当者から尾行されていないかを確認する作業のことを指す。点検によって尾行されているかもしれないと察した場合、スパイは「消毒」をする。「消毒」とは、尾行を撒くことだ。

点検や消毒のためには、電車移動中に電車の扉が閉まる瞬間にホームに降りたり、逆に扉が閉まる寸前に電車に飛び乗るのだ。そうして、尾行を振り払うのである。

ロシアスパイが尾行点検をするときによくやる手口がある。東京のＪＲ山手線の大塚駅を使うのだ。大塚駅には島式ホームが１つしかないため、巣鴨方面と池袋方面の電車がホームの両側に到着する。

まずロシアスパイは池袋から巣鴨方面に向かう電車に乗り、大塚駅で下車。そこで自分が乗っていた電車から乗客が降りて、自分以外の全員が出口まで向かうのを待つ。するとホームには池袋方面の電車に乗るために待つ客だけになる。

次に池袋方面に向かう電車が来たら、今度はホームにいた客が乗り、乗客が降りてきて、みんなが出口に向かう。それを見届けて、尾行者がいるのかどうかを判断するのだ。

こうした点検・消毒作業をするのは訓練を受けたスパイしかできない。他の国のスパイは、協力者を使って隠密に動くので、消毒をする必要もないからだ。

欧州の駐日大使からの捜査依頼

また、日本の外事警察が他国の大使から頼られることもある。

ある日、欧州のある駐日大使から、大使しか読めない外交公電がある国に傍受されている疑いがある、との連絡がきたことがあった。

「外交公電」とは、大使館や領事館と本国の外務大臣との間でやりとりされているテキストベースの機密情報。公文書扱いされ、一般人によるアクセスや外国政府に傍受されないように高度な安全対策が施されているものだ。

たとえば、本国の諜報機関の幹部が密かに来日する、などの情報が送られてきたりする。もちろん、日本のメディアには一切公表しないものだ。大使館はこの外交公電を受けて、ホテルを手配したり、レストランを予約したりするのである。

大使によると、諜報機関の幹部が来日してイベントなどに参加したところ、なぜか某国大使館の協力者も会場に現れた。そして情報機関の幹部が誰と会っていたか、何を話していたかを探っていたという。

当然、欧州の大使館は、国内にいる某国の諜報機関の協力者を把握している。大使は、なぜ情報機関の幹部の行動日程を知っているのか不審に思って調査した結果、大使館にいる２人の人物が浮上した。１人は、大使室の秘書。本国の女性で、日本人男性と結婚し永住権を取得していた。もう１人は、大使館が清掃員として雇っていたフィリピン人男性だった。

私は大使からこの２人の調査を依頼された。

公安部の精鋭部隊が１人につき３人ずつ計６人体制で監視。３週間尾行した結果、女性秘書は勤務が終わるといつも真っ直ぐ自宅に帰っていることがわかった。休日も夫と過ごし、特に怪しい動きはしていない。

一方の清掃員の男性には、同じフィリピン人の妻がいたが、子どもは本国の親に預けていた。この男も特に怪しい動きは見られない。２週間に１回、都内のカトリック教会に通っているくらいで。この教会の神父は日本人だが、信者の大半がフィリピン人で、フィリピン人のコミュニティになっていた。

公安部の捜査員は顔を覚えられてしまうのはまずいので、教会の中には入れなかった。

2人の調査結果を大使に報告すると、大使も3週間の間に2人の勤務実態を調べていたという。すると、女性秘書が長期の休暇を取っている間に、外交公電の中身が漏れていた可能性が高いことがわかった。

そこで大使から、「フィリピン人の清掃員に間違いない。もう一度調べてくれないか」と、再度依頼され、公安部の精鋭部隊と再び協議した。

結局、私が都内の教会に潜入することになった。私が教会へ行った日は件のフィリピン人男性が1人で来ていた。そして彼が席につくと、アジア系の30代後半くらいの女性が彼の隣に座った。

彼らの真後ろに座ると怪しまれるので、少し離れたところから監視した。彼らは英語で会話をしており、内容はよく聞き取れなかった。フィリピン人男性とアジア系の女性は一緒に讃美歌を歌い、ダンスを踊った。

礼拝が終わると、2人は教会内で別れ、フィリピン人男性は仲間と話をしていた。私は、外で待機していた精鋭部隊にメールして、アジア系女性を尾行するように指示した。
するとと女性は白金高輪から地下鉄で横浜方面へ向かった。彼女は繁華街へ行き、中華レストランに入って行った。実は、そこは警視庁公安部と神奈川県警の外事課がマークしている某国の諜報機関の関係者が拠点にしている店だった。後から女性も某国人であることが判明した。

その女性は店に入ったきり、何時間も出てこなかった。

つまり、フィリピン人は教会で、女性に機密情報を伝えていた可能性がある。２人の行動を大使に報告したところ、納得したような表情をしていた。フィリピン人は大使室を清掃している際、印刷された外交公電を見てメモしていたのだろう。

それから半年後、あるレセプションでその大使と一緒になった。すると、大使は「あのときはお世話になりました。例のフィリピン人は辞めてもらった」と言った。大事にはせず、フィリピン人男性が遅刻など、細かいミスをしたことを理由に、契約更改をしなかったようだ。

警察の力が弱い国での情報機関同士の戦いは殺し合い

繰り返すが、日本の警察が優秀だということは海外の治安の悪い国に行けばよくわかる。日本では隠然と活動している外国の情報機関が、露骨な殺し合いを繰り広げているのだ。

これはアフリカ某国での話だが、イスラエルのモサドが中国のスパイを殺した事件があった。

ワニがいるような川で中国人の遺体が上がったのであるが、身分証により、中国の外交官であることがわかった。実際にどのような争いがあったのかは不明。おそらくアフリカなので、地下資源等の情報をめぐり中国のスパイとイスラエルのスパイがしのぎを削っていたのだろう。

中国外交官の遺体が上がった数日後、その仕返しなのか、今度はモサドの要員がさらわれて行方不明となる事件が起きた。

こうした諜報員同士の報復とみられる暗殺事件がアフリカ大陸ではまま起きた。というのも、アフリカ諸国のように警察力が弱い国では、警察官の捜査が追いつかず、それを見越して争いも多発するのだ。

しかも警察がカネで動くので、カネ次第で鑑識結果を変えることさえできる。捜査力の高い警官がいる日本やドイツ、アメリカといった先進国では起こりえないような事件が、平然と起きる。

また、誘拐事件も多い。ナイジェリアのイスラム教スンニ派過激組織「ボコ・ハラム」は、会社員を誘拐し、企業が支払う身代金を資金集めに利用していた。

そういう意味では、アフリカでの勤務は恐かった。赴任国からすれば、日本大使館に務める私は、日本のスパイのようなものだから。

私は「ぎりぎりの諜報活動」という言い方をしているが、外交機密費を使いかなり無茶な情報収集もしていた。警察に逮捕はされないにしても、他国の諜報員に殺される可能性は十分あった。いかんせんそこはスパイ同士。私も尾行にはずいぶん気をつけたものだ。

最後、日本の外事警察の尾行技術が高いのは、スパイ防止法がない欠陥を補うために、長年にわたる捜査員たちの努力で築かれたものである。

２０２２年８月から内閣府特命担当大臣（経済安全保障担当）を創設したことで、外事警察の流れが大きく変わった。言うまでもなく経済安全保障の一番の主眼は中国である。

米メディアによると、ＦＢＩが捜査中の中国に関するスパイ事件は数千件に上るという。主戦場となっているのはサイバー分野。23年夏、中国のハッカー集団の攻撃で米政権幹部のメールが流出し、アメリカの20以上の重要インフラ施設が中国のハッカーに侵入されたことも判明した。

近年はＡＩ（人工知能）など先端技術を駆使した手法もみられ、前述のレイＣＩＡ長官は、「中国とのスパイ戦は対ソ連と比べ、より多角化している」。23年８月には、米軍の機密情報を中国に漏らしたとして米軍人２人が逮捕された。加えて、米軍基地に侵入を試みた中国人は23年だけで十数人に上っているという。

中国のスパイ活動に対し、アメリカはイギリス、オーストラリア、カナダ、ニュージーランド５カ国による情報共有の枠組み「ファイブ・アイズ」で対抗している。当然日本もこの枠組みに参加すべきだが、スパイ防止法がなければ機密情報を守ることができない。

日米同盟に打たれた中国のくさびを抜くためにも、ぜひとも必要な法律である。

こうした国際情勢の流れの後押しもあって、遠くない将来、日本にもスパイ防止法ができるだろう。

しかし、これまでこの法案が通らなかったのは国民の理解が得られなかったことが主因だ。外事警察が何と戦い、守っていたのかが本書を通じて国民に届くことを願っている。

〔著者略歴〕

勝丸円覚（かつまる・えんかく）

1990年代に警視庁に入庁し、2000年代はじめから公安・外事分野で経験を積む。数年前に退職し、現在は国内外でセキュリティコンサルタントとして企業やビジネスマンなどにスパイに狙われないための知識や防犯に関するアドバイスをしている。TBSドラマ『VIVANT』では公安監修を担当した。著書に『諜・無法地帯 暗躍するスパイたち』（実業之日本社）、『警視庁公安部外事課』（光文社）、『警視庁公安捜査官』（幻冬舎新書）などがある。

中国人スパイ「秘密工作」最前線

2024年11月14日　第1版発行

著　者　勝丸円覚
発行人　唐津 隆
発行所　株式会社ビジネス社
〒162-0805　東京都新宿区矢来町114番地　神楽坂高橋ビル5階
電 話　03(5227)1602（代表）
FAX　03(5227)1603
https://www.business-sha.co.jp

印刷・製本　株式会社光邦
カバーデザイン　中村 聡
編集協力　佐藤春生
本文組版　有限会社メディアネット
営業担当　山口健志
編集担当　中澤直樹

ISBN978-4-8284-2677-8